とちぎ酒で乾杯

～水、米、人が織りなす結晶～

下野新聞社

Tochigi
ZAKE de
Kanpai

酒蔵を巡る

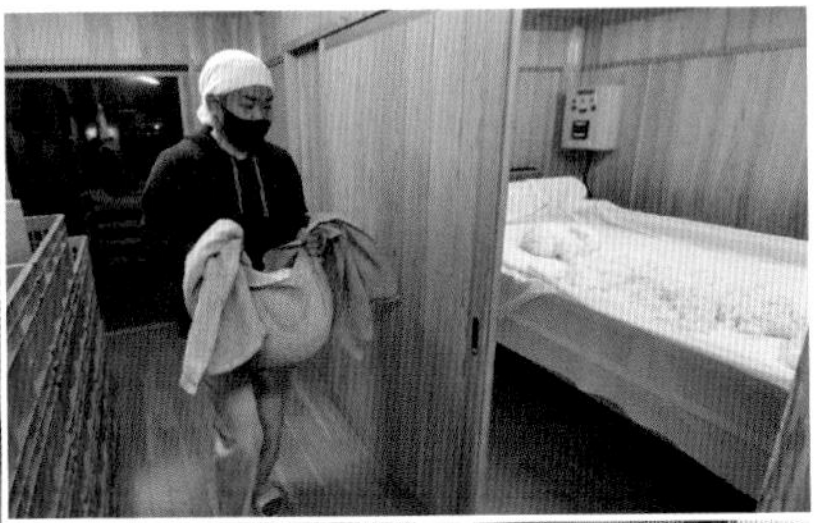

菊の里酒造（大田原市）

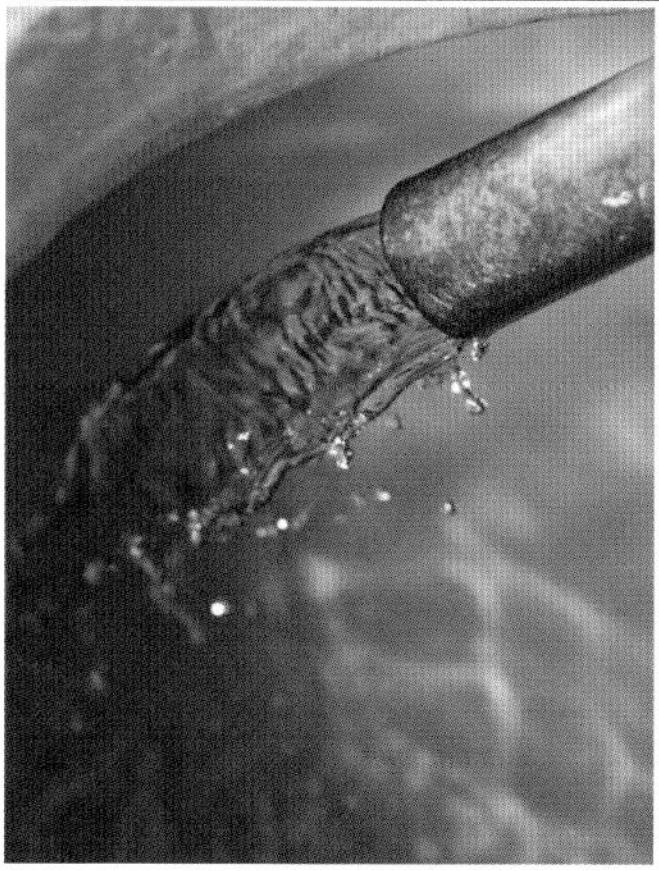

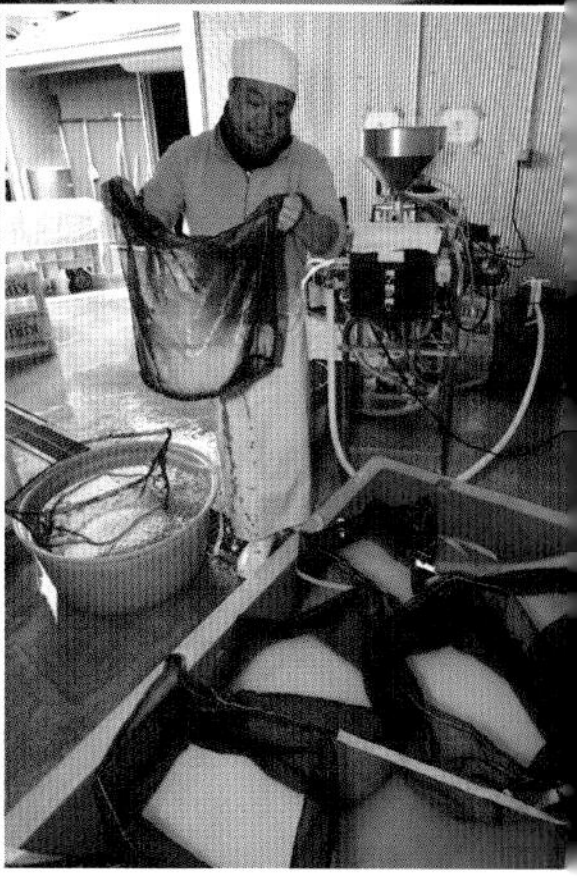

酒蔵を巡る

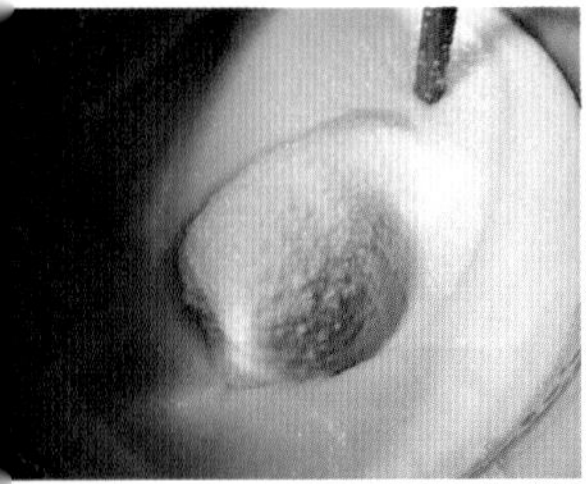

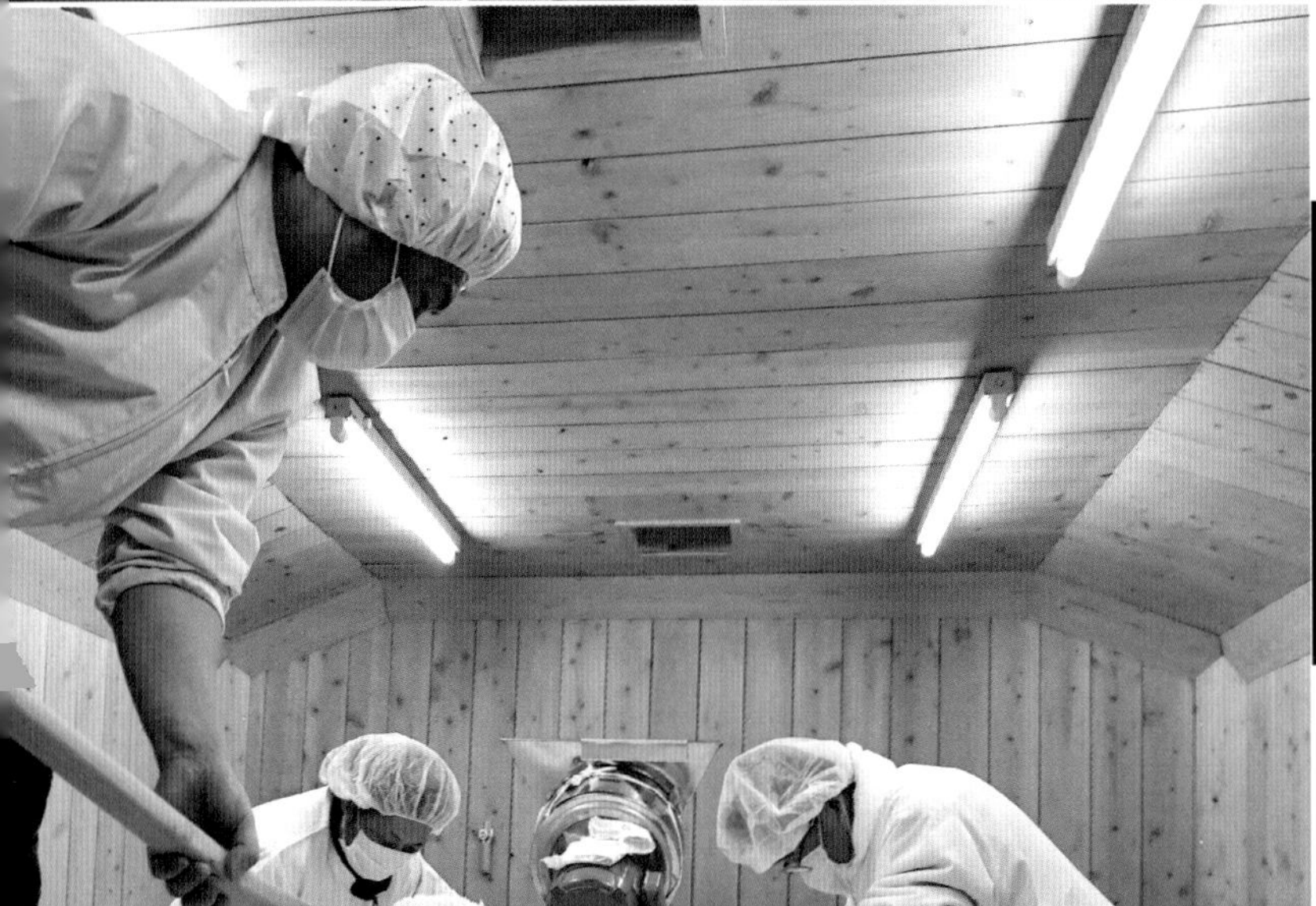

小島酒造店（塩谷町）

酒蔵を巡る

富川酒造店（矢板市）

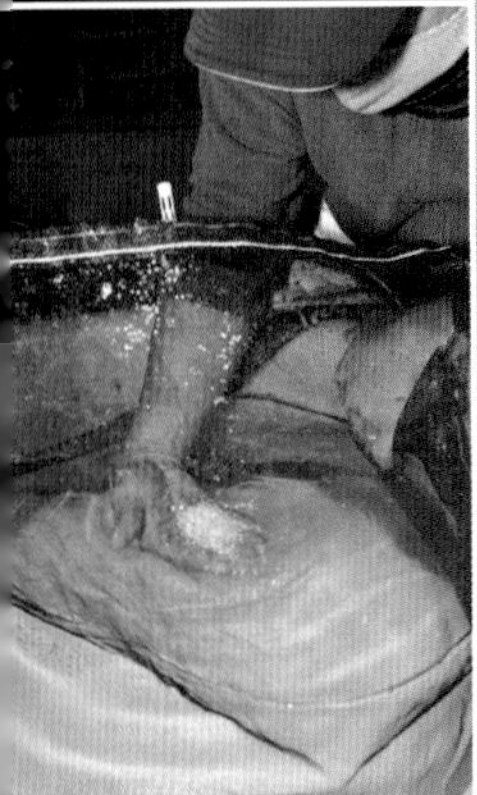

惣誉酒造（市貝町）

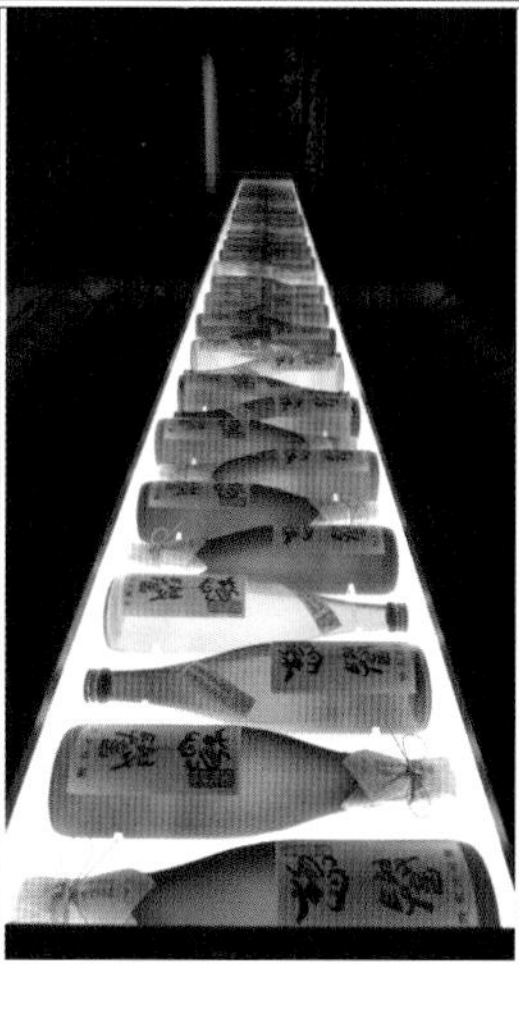

酒蔵を巡る

宇都宮酒造（宇都宮市）

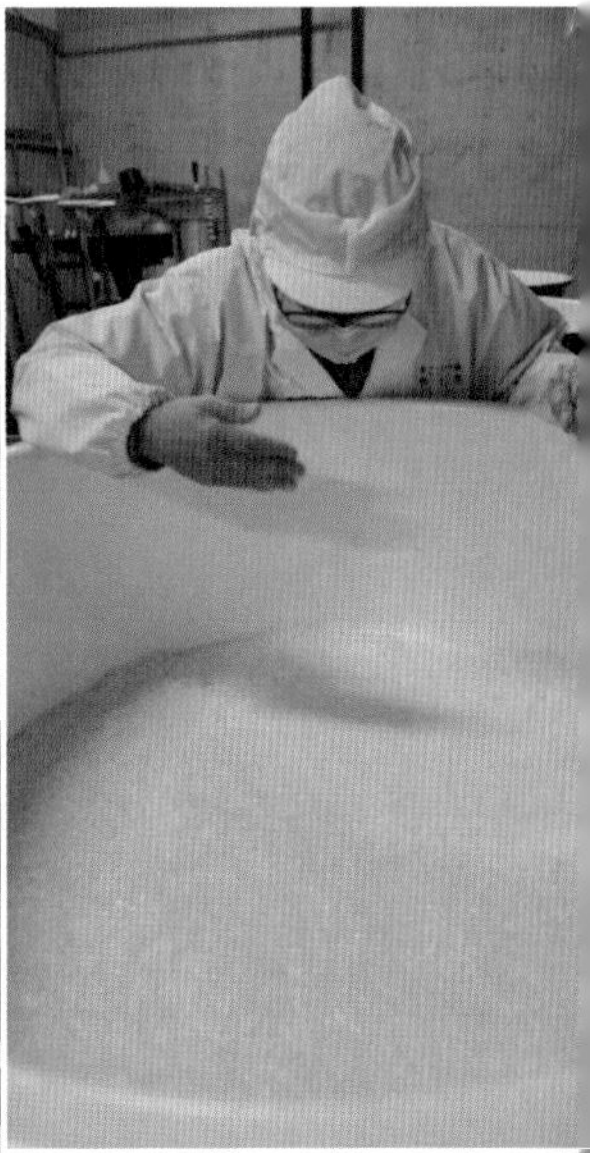

酒蔵を巡る

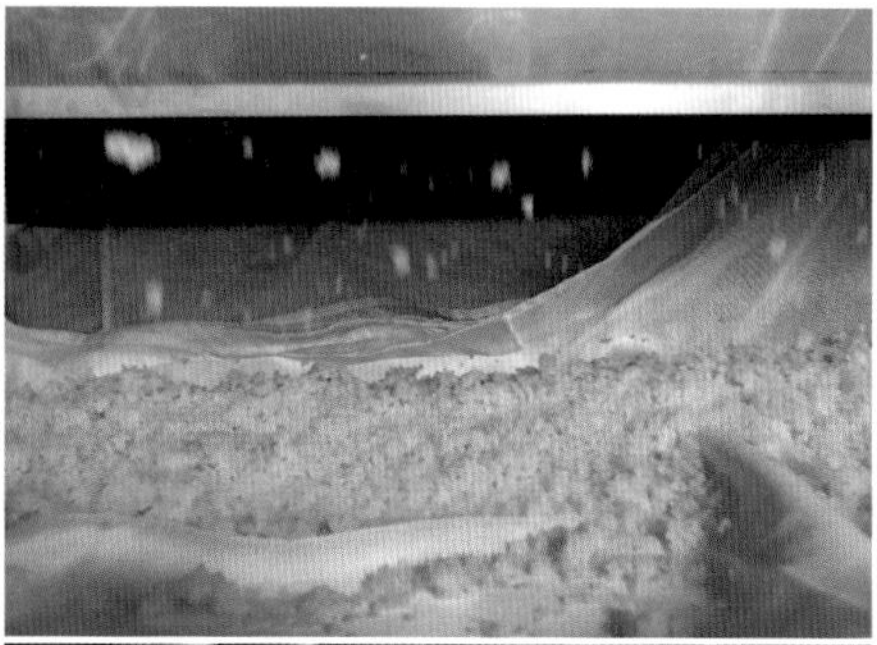

杉田酒造（小山市）

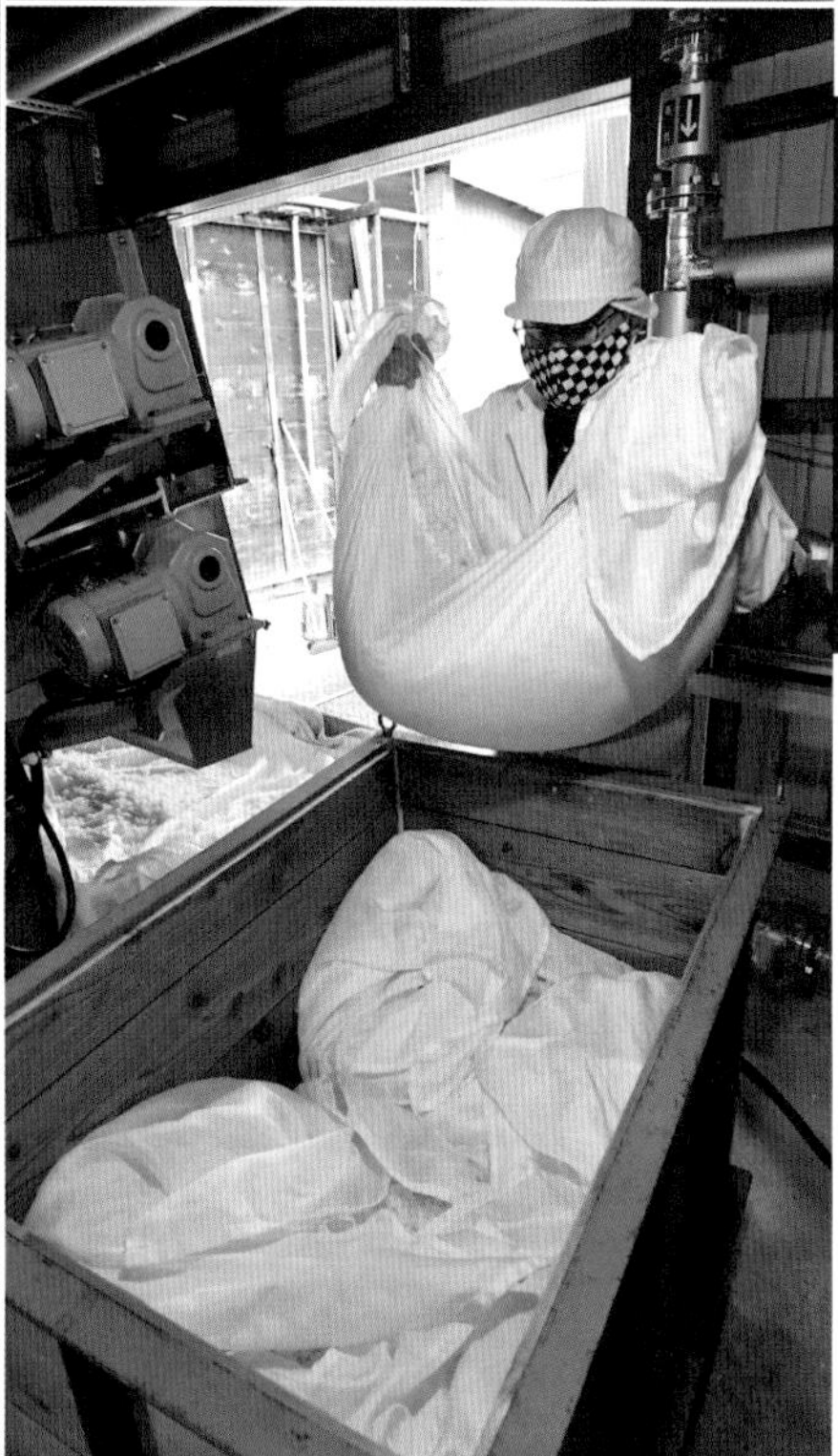

HAKUYO

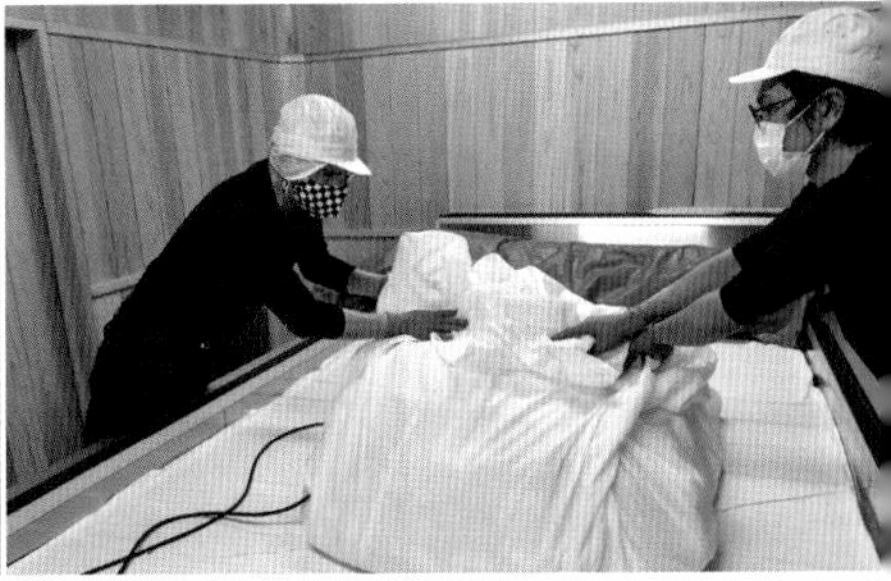

とちぎ酒で乾杯

～水、米、人が織りなす結晶～

巻頭グラビア　酒蔵を巡る　2

はじめに　14

【とちぎ酒蔵探訪　県北編】

●菊の里酒造（大田原市）　16
●天鷹酒造（大田原市）　20
●渡邉酒造（大田原市）　24
●富川酒造店（矢板市）　28
●森戸酒造（矢板市）　32
●松井酒造店（塩谷町）　36
●小島酒造店（塩谷町）　40
●島崎酒造（那須烏山市）　44
●白相酒造（那珂川町）　48
●渡邊佐平商店（日光市）　52
●片山酒造（日光市）　56

酒販店主が語る「とちぎ酒」の実力　60

一から分かる日本酒用語集／日本酒のできるまで／日本酒の種類　68

【とちぎ酒蔵探訪　県央編】

●宇都宮酒造（宇都宮市）　72
●井上清吉商店（宇都宮市）　76
●虎屋本店（宇都宮市）　80
●惣誉酒造（市貝町）　84
●辻善兵衛商店（真岡市）　88
●外池酒造店（益子町）　92

とちぎ酒と楽しむ〝とちぎ飯〟　96

きき酒処 酒々楽／杜氏と下野杜氏　104

【とちぎ酒蔵探訪　県南編】

●小林酒造（小山市）　108
●若駒酒造（小山市）　112
●西堀酒造（小山市）　116
●杉田酒造（小山市）　120
●北関酒造（栃木市）　124
●飯沼銘醸（栃木市）　128
●相良酒造（栃木市）　132
●第一酒造（佐野市）　136

「宅飲み」の必需品!?とちぎ酒が何倍もおいしくなるウツワ　140

とちぎ酒蔵ＩＮＤＥＸ　142

＊本書の情報は２０２１年３月現在のものです

はじめに

皆さんは「酒どころ」と言えば、どの都道府県を思い浮かべるだろうか。灘や伏見など江戸時代からの銘醸地として知られる兵庫県や京都府か。それとも1980年代に「淡麗辛口」ブームの火付け役となった新潟県か。はたまた近年、人気銘柄を数多く送り出している山形、秋田、福島といった東北地方の各県か。いずれにしても「栃木県」の名前を挙げる人は、そう多くないだろう。しかし、断言しよう。「栃木の酒のレベルは、これらの所謂『酒どころ』に決して劣っていない」と。

日本酒業界における栃木県の酒蔵の躍進は目覚ましいものがある。独立行政法人酒類総合研究所などが主催する全国新酒鑑評会では、多くの酒蔵が金賞を獲得。インターナショナル・ワイン・チャレンジ（ＩＷＣ）の日本酒部門や、ＳＡＫＥ　ＣＯＭＰＥＴＩＴＩＯＮといった国内外の日本酒コンテストでも、毎年のように上位入賞を果たしている。ただ、こうした実力を誇りながらも「酒どころ」としてなかなか名前が挙がらないように、その認知度は残念ながら高いものとは言えない。商工業や農業、観光業など高い潜在力を持ちながら、２０２０年の都道府県魅力度ランキングでよもやの最下位に甘んじてしまった栃木県そのものの立ち位置にも、どこか通じるものを感じてしまう。

素晴らしい「栃木の日本酒」の魅力を一人でも多くの方に伝えたい。われわれが今回、この本を企画した出発点も、まさにそこだった。そして、新型コロナウイルス禍で苦境にあえぐ栃木の日本酒業界に対し、郷土に根差し、支えられてきた新聞社として、微力ながらもサポートができないかという思いもあった。

なぜ「栃木の日本酒は旨い」のか。そこには名水をはじめとする豊かな自然環境、品質の高い米といった基本的な要素だけでなく、酒造りに関わる多くの関係者のたゆまぬ向上心がある。独自の杜氏制度「下野杜氏」の創設や、酒造好適米「夢ささら」の開発もその現れだろう。辛口、甘口、濃厚、果実味など、型にとらわれない、酒蔵ごとの味わいの違いという多様性も魅力の一つだ。本書ではこうした人々の思いや、そこから生まれる数々の銘酒を可能な限り紹介している。

さあ、魅力あふれる「とちぎ酒」の世界にようこそ。

とちぎ酒蔵探訪　県北編

●菊の里酒造（大田原市）　16
●渡邉酒造（大田原市）　24
●森戸酒造（矢板市）　32
●小島酒造店（塩谷町）　40
●白相酒造（那珂川町）　48
●片山酒造（日光市）　56
●天鷹酒造（大田原市）　20
●富川酒造店（矢板市）　28
●松井酒造店（塩谷町）　36
●島崎酒造（那須烏山市）　44
●渡邊佐平商店（日光市）　52

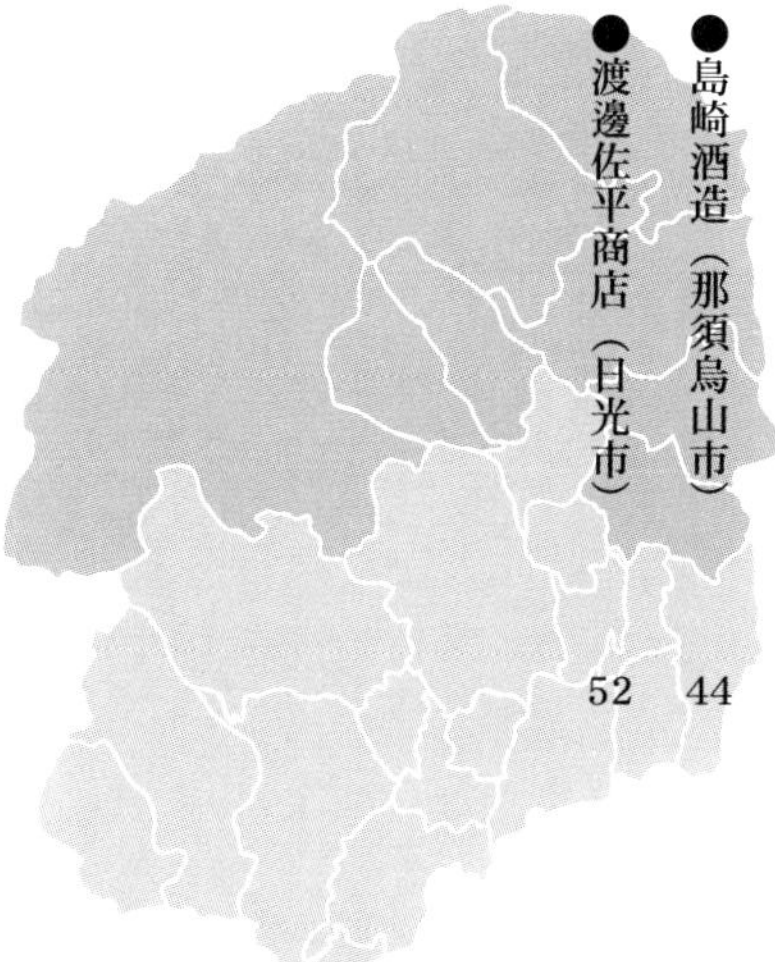

菊の里酒造

大田原市

造り手の顔が見える酒造り

「ほっとする、癒やしの酒」

大那の銘柄で知られる大田原市の菊の里酒造。箒川が流れるこの地域は水に恵まれ、古くから酒造りが盛んだ。同社から東に車で10分足らずの場所には天鷹酒造が蔵を構える。

「大那の特徴は、飲んでほっとするような〝癒やしの酒〟です」と話すのは6代目蔵元の阿久津信さんだ。昨今、日本酒業界ではフルーティーさを前面に出した、いわゆる芳醇

旨口と言われる酒が人気だが、そうしたトレンドとは一線を画す。「2杯、3杯と杯を重ね、気が付けば一升瓶が空くようなお酒が理想です」と力を込める。自身と家族、社員、仕込み時期の季節労働者を含めても10人程度の小規模の酒蔵だ。

阿久津さんが蔵に入ったのは2002年。大学卒業後、サラリーマン生活を送った時期もあったが「やっぱり自分には商売が向いている」という思いがあったという。江戸末期から続く蔵の歴史を絶やしたくないという思いや、自分の腕一つで勝負するという魅力も後押しした。

しかし、茨城県内の酒造会社での修行を経て、いざ蔵に入ると、厳しい現実が待っていた。「当時の生産量は100石くらい。県内でも一番小さいくらいの蔵だったと思います。決算書の内容なんかもそこで初めて知りましたし、正直、まずいところに来ちゃったかなという思いもありました」と苦笑する。当時の銘柄は社名と同じ「菊の里」で、普通酒中心の生産だった。そこで阿久津さんは純米酒、純米吟醸酒などの特定名称酒中心の生産に方針を切り替えた。銘柄も「大いなる那須の大地」という思いを込め、大那とした。

当初は資金繰りにも苦しみ、設備投資もままならないなど厳しい状況が続いた。それでも地道な酒造りや、販路開拓などを通じ、少しずつ売り上げを伸ばしていった。都内の酒販店の紹介で雑誌にも取り上げられるようになり、知る人ぞ知る栃木の名酒という存在になっていった。東日本大震災後は酒蔵復興支援のムーブメントもあって、さらに売り上げが拡大した。２０１６年には半年間、全日空の機内提供酒にも選ばれた。「四合瓶（７２０㎖）で1万5千本造ってほしいということでした。うちの年間生産量の2割くらいだったので、そんなに造れるかなというのが率直な思いでした。でもいい経験でした」

契約農家の酒米を使用

「使う米も、流通も、人の顔が見える範囲でやりたい」。阿久津さんが酒造りで大切にしていることだ。使用する酒米の95％は那須町黒田原地区の契約農家が生産する五百万石だ。酒蔵に入った当初、いい酒米を十分に入手することができなかった時期があった。ちょうどそのころ、同地区で酒米を作りたいという日本酒好きの生産者の話を聞いたことがきっかけだった。

初めは山田錦の生産を試みたが、寒冷な那須の気候に合わず、うまくいかなかったという。そこで五百万石に切り替えたところ、非常に良質の酒米ができあがった。「結果的に寒暖の差がはっきりし、風が抜けやすい山間にある黒田原の気候が五百万石に合っていたのでしょう」と話す。今では6軒の農家が生産に取り組み、同地区の酒米は全量を菊の里酒造が買い取っている。「いい農家さんと巡り会えたことに感謝ですね。地元の酒

住　所／大田原市片府田302－2
電　話／0287・98・3477
代表者／阿久津信
創　業／1866（慶応2）年

米を使っているということは、うちにとっても大きなアピールポイントになりますし」

18年から使用が始まった県オリジナル品種の酒米「夢ささら」も積極的に取り入れる。「うちがメインで使用する五百万石と、山田錦の中間みたいな感じですね。山田錦がどちらかというとふくよかで力強いのに対し、五百万石はシャープで縁の下の力持ちのような感じ。心白がしっかりしているので（精米歩合の高い）純米吟醸に向いています」

近年は香港、台湾、韓国など、アジアを中心に輸出にも力を入れている。「やはり同じ東洋人ということで、アジアのほうがやりやすいですね。米、仏、独などにも出していますが、商売としてはまだ難しい」と話す。それでも18年にはパリで販路拡大のためのメーカーズディナーを開催し、一定の評価を得た。「欧州の人たちは自分たちとは違う歴史、文化に対するリスペクトがあるので、こちらとしても気持ちがいいですね。日本の文化を含めて、日本酒を楽しんでもらったという印象を受けました」と手ごたえをのぞかせる。

現在の生産量は約700石。酒蔵に入った当時の7倍だ。ただそれで満足しているわけではない。「いずれは1千石まで増やしたいという考えは持っています。まだまだ小さい蔵ですが、農家も含めて造り手の思いがふんだんに込められた酒なので、多くの人に味わってもらえればうれしいですね」

天鷹酒造

伝統とは変わり続けること

大田原市

辛口にこだわる

大田原市南部の那珂川と箒川に挟まれた三角州の田園地帯に天鷹酒造がある。２０１１年の東日本大震災で被災したことを機に、木造の蔵を近代的な施設に改築した。尾崎宗範社長は「薬剤の使用を少なくするため、壁面や天井の素材から、酒造りに使う器具まで素材や洗浄方法を見直し、かつ衛生面には細心の注意を払っています」と環境への配慮を強調する。

天鷹酒造は尾﨑社長の祖父・元一氏が1914年に創業した酒問屋をルーツとしている。その後、昭和初期から本格的に酒造りに関わるようになった。天鷹の屋号は元一氏が京都・伏見に酒の買い付けに行った際、宿泊先の宿で天空を舞う大きな鷹の夢を見たことが由来だという。尾﨑社長は「既に大鷹という銘柄が関西にあったので、紛らわしいということで当初は商標として認められませんでした。それでも諦められず、3回目の申請でやっと認められたそうです」と話す。

看板商品の一つが、1970年の発売から50年を迎えた純米大吟醸酒の「天鷹心」だ。発売当時は「純米酒」という言葉がまだ無く、「生粋無添加清酒」と名付けて発売した。そして時代とともに純米吟醸酒、純米大吟醸酒とグレードアップしていった。その天鷹心をはじめとする、天鷹ブランドの代名詞ともいえるキーワードが「辛口」だ。「酒造りを始めた当時、『辛口でなければ酒ではない』というのが祖父の口癖でした」と尾﨑社長。そこには「甘口の酒は口当たりこそいいが、飲み飽きしてしまう、料理にも合わせづらい」という思いがあったという。一方で「祖父の考えを受け継ぎつつ、父は『つるりと入って飲み飽きしない辛口酒』を造っていました」と振り返る。そして「私は同じ辛口でも『旨味のある辛口』を目指しています。一番の理由は私の好み。これは社長の特権ですから」と笑う。その言葉通り、天鷹心もその名前は変わらずとも、味は変化し続けている。「50年間、全く同じでは今、支持されていないはずです。変えてきたからこそ、生き残っている。伝統とは変わり続けることなんです」

２０１８年からは新ブランドとして「九尾」シリーズを販売している。那須の地ゆかりの「九尾の狐伝説」をモチーフにしたブランド名で、ラベルには狐のシルエットが描かれている。九変化したという九尾の狐にちなみ、酒米や精米歩合、酵母などを毎回変えながら造り続けている。20年は食用米による酒造りをテーマとし、２月は「とちぎの星」、４月は「なすひかり」、６月は「あさひの夢」による酒造りにチャレンジした。「九尾は常に新しいチャレンジをしていく酒。造り手もワクワクするし、お客さまにもそのワクワク感を楽しんでもらえれば」と期待する。

オーガニックの酒造り

特徴的な取り組みとして挙げられるのが、有機（オーガニック）日本酒造りだ。きっかけは１９８９年から92年にかけ天鷹酒造主催で開催した酒販店向けの勉強会を通じ、懇意になった３人の経営者から「自分たち向けに、オリジナルの日本酒を造ってほしい」と頼まれたことだった。そこで話し合ったのが「米作りから栃木にこだわった日本酒」だった。

手始めとして米作り酒造りの会を立ち上げ、地元農家に一から栽培を学んだ。当初から「安心・安全」な酒造りへの想いはあったが、２０００年に有機ＪＡＳ法が施行されて国内基準が明確化されたこともあり、「有機日本酒」に取り組み、05年に有機ＪＡＳ認定事業者

住　所／大田原市蛭畑２１６６
電　話／０２８７・９８・２１０７
代表者／尾崎宗範
創　業／１９１４（大正３）年

となった。14年には日本以上に基準が厳しいとされる米国、ＥＵでも有機認証を受けた。18年には自社農場の天鷹オーガニックファームを立ち上げ、社員の手で有機米を栽培。有機化の取り組みを推進している。「有機日本酒を造り始める時、二つの目標を立てました。一つは世界で通用する有機とすべく、日米欧で有機認証を受けること。もう一つは誰もが美味しいと言う有機日本酒とすべく、全国新酒鑑評会で金賞を取ることでした」。天鷹の有機日本酒は17年に金賞を獲得し、二つの目標を達成することとなった。

有機にこだわる一番の理由は尾崎社長自身が、大量に農薬を使う農業を目の当たりにしながら育ったことだ。「日本の農業は生産量を追い求めるあまり、世界一農薬を使用する農業になってしまった」。有機農業は農薬や肥料を使わないことから「環境に負荷をかけないので、結果として環境に貢献することにもなります」と強調する。

「これからも地元の米で、地元の酒を造る取り組みを進めていきたい」と語る。経済、文化とあらゆる面でグローバル化が進む一方、「これからはローカライズ化が求められてくる」と指摘する。日本酒の認知度が世界的に高まる中、米国、欧州では現地資本による、清酒の現地生産も始まっている。「今はまだまだですが、いずれ国内産に並び、上回る品質の清酒も出てくるでしょう。しかし自分たちが造るこの土地の日本酒は、ここにしかない。ワインの世界でボルドーが特別な意味を持つのと同じです」

米作りからの真摯な取り組みが、酒蔵の伝統を支え、未来を拓く力となっている。

渡邉酒造

ライク・ア・ローリングストーンズの精神

大田原市

地元に貢献するのが地酒

酒蔵の西に那須連山、東には八溝山。そして周囲には武茂川、那珂川が流れている。冬になると、マイナス10度という厳しい寒さが待っている。その環境の中で「当たり前の作業を当たり前に行う」という社訓の下、「地元で愛される酒」を造り続ける。

明治25年、代々越後杜氏の家系だった渡邉栄作が栃木県内で農家の一角を借りて自分の

転

蔵を興したのがはじまり。明治45年、より良い水、気候を求め、現在の大田原市須佐木に蔵を移転した。その時、酒蔵が東側に位置していたので、力強さ、縁起の良さから「朝日が昇る」という意味で「旭興」という銘柄が生まれた。

「よく『旭興のこだわり』を聞かれますが、答えるのが一番難しいですね。人によって解釈はいろいろでしょうが、地元に貢献できるのが地酒だと思います。原材料がどうとか、手造りだとか、機械を使っているかどうか、だとかはあまり関係がなくて、要はおいしい酒を造るということが重要です」。5代目の渡邉英憲社長は言う。

渡邉社長は東京農業大醸造学科を卒業後、群馬県内の酒造会社を経て、27歳の時に父である修司会長の後を継いだ。現在家族や従業員計6人で酒造りを続ける。渡邉社長は、日本酒を造る代表的な杜氏集団の一つである南部杜氏の資格を持つ。2019年には南部杜氏協会が主催する第100回南部杜氏自醸清酒鑑評会・吟醸酒の部で首席に輝いた。岩手県外の杜氏が首席になったのは2人目で、本県の杜氏としては初めてという。「ちょうど100回記念の鑑評会だったので取ると宣言して取りました。賞のために酒を造っているわけではありませんが、一つの評価に変わりはありません。目的を明確化できるというのでしょうか。この地域ではこのお酒、この料理にはこのお酒というように、味の構成力を養う練習にはなっています」

近年、マニアの間で人気が出た地酒がインターネットで高値で売買されている。そうした現状について「今の日本酒ブームは地下アイドルのブームのような感じですね。生き残るために小さな箱で勝負しているようです。確かに値段が跳ね上がっている地酒はいいものだと思います。ですが、メジャーというのではなく、局地的な感じですね。世の中全体がバブルは起こらないという前提で動いているように感じます。価値観が変わってきているのではないでしょうか」と分析する。

最新装置でおいしさ追求

かつて日本酒といえば新潟という時代があった。価値観が多様化する中、栃木県は夢ささらという酒米を開発したり、下野杜氏という資格を創設するなど日本酒造りに積極的だ。栃木の地酒はどう評価されているのか。「栃木県が日本酒造りに力を入れていることは素晴らしいですね。私も地元で飲まれるものを目指しています」

渡邉酒造は栃木県でも最北に位置する酒蔵だ。厳しい寒さの中、武茂川の軟水の伏流水を使う。米も県内で最も多くの酒米を栽培している大田原市の農家との契約栽培や、「ＪＡなすの酒米研究会」と協力してつくられた地元産米を使用する。そうしてでき上がった酒はどんな味がするのか。

「酒造りに特別の技法はないです。基本を重視し、よい酒を造るため、『あたりまえ』の作業を行っているだけです。日本酒には『甘い』『辛い』と様々な味があります。旭興に

住　所／大田原市須佐木797−1
電　話／0287・57・0107
代表者／渡邉英憲
創　業／1892（明治25）年

も『甘い』『辛い』はありますが、一貫しているのは『食事とともに楽しく飲める酒』であり、『すっと飲めて、日常に溶け込む酒』です」

渡邉酒造には営業担当はいない、という。「おいしければ売れる、という方向に懸けています。地元では特に普通酒が売れます。おかげさまで地元の人にとって旭興の辛口が定番になっています」

酒造りにおいて基本を重視しながらも、他の酒蔵にはない試みも取り入れている。国のものづくり補助金を活用して導入した分析装置「ガスクロマトグラフィー」は、蔵独自の新規の酒を開発するのが目的だ。

ガスクロマトグラフィーは気体を分析し、含まれている香気アルコールを特定。その強さを検出することができる。この装置を使って試験的に造った酒のデータを取ったり、評価の高い他社の酒を分析する。「夏場はこの装置を使っていろいろ研究しています。冬場の酒造りが試合だとすれば、夏場のこの研究は練習のようなものです」と笑う。

最新の装置を活用し、おいしさを追求する姿勢は、県内の他の酒蔵や酒販店からの評価も高い。「酒造りにおいて苦労というのは感じませんね。それはものを造るということはすべて苦労ですし、苦労でないといえば苦労ではない。今まで酒の種類は数限りないです。1回造って終わりの酒もあれば、長く続く酒もあります。おいしければ大きくするし、おいしくなければ終わりです。ライク・ア・ローリングストーンズ。常にいいものを造るためにこの精神でやっています」

富川酒造店

矢板市

「美」「愛」にあふれる地酒届ける

愛

夫の急死で酒造りの責任者に

日本名水百選の一つ、尚仁沢湧水を支流に持つ荒川沿いの矢板市大槻にその蔵はある。遠くに日光連山を仰ぐ山紫水明に恵まれた環境で「地酒は地方文化」という考えの下、蔵の目の前の田んぼで自家栽培している米と蔵内の井戸水で造られる酒は、芳醇な旨味と丁寧な仕込みによる酒としての主張を併せ持った逸品で知られる。一方、現在の富川栄子社長をはじめ、杜氏や蔵人のほとんどが女性というのもこの蔵の大きな特徴となっている。

創業は１９１３（大正２）年。精米を家業としていた初代忠吉が、地元の庄屋から酒蔵を借り受けて「忠愛」の名で百石（1.8ℓの一升瓶で約１万本）を世に出したのが酒造りの始まりとされる。

栄子さんは蔵に嫁いだ後、長年主婦として社長の夫・哲夫さんを支えてきたが、１９９8年、哲夫さんが48歳の若さで亡くなり、急きょ経営を引き継ぐこととなった。「それまで私は全く酒造りに全く関わっていませんでした。新潟から来てくれていた腕のよい親方さん（杜氏）がいたので助かりました」と、淡々と振り返るが、突然公私にわたる大黒柱を失い、代わりに伝統ある蔵の経営トップの重責を担うこととなった当時の心境は察するに余りある。

しかし、そんな栄子さんが社長就任3年目にして新たな挑戦に打って出る。創業以来の銘柄「忠愛」は、日本が戦時体制に入りつつある中でもてはやされた「忠君愛国」の精神から名づけられたものだった。そのため、「今の時代にふさわしく、より高品質で味にこだわった酒を新たに造る」と決意したという。それが、社名に「美」を加えた「富美川」シリーズだった。これまでの「瓶火入酒」に加え、新たに手掛けた「無濾過生原酒」を大きな柱として全国展開も開始した。

蔵人となった娘、震災の危機乗り越える

売上が着実に伸びていく中、栄子さんをさらに喜ばせる出来事があった。２００９年、茨城県内の酒造メーカーに勤務していた次女真梨子さんが蔵人として帰ってきたのだ。酒造りへの愛情とアイディア豊かな新戦力の加入に蔵は大いに盛り上がったというが、それもつかのま、２年後の11年に発生した東日本大震災でまたも大ピンチに見舞われてしまう。地震の衝撃で酒蔵の大谷石が崩れ、さらにボイラーや井戸２本のうち１本が破損するなど大きな打撃を受け、約３カ月もの操業停止を余儀なくされた。

「娘が帰ってきてくれて、これからという時でしたから絶望的な気持ちになりました。でも、壊れた蔵を直してもう一度やるしかありませんでした。創業が停止していた間に落ちた売り上げを元に戻すのには3年から5年くらいかかりましたかね」

新潟の伝統技術で長年蔵を支え続けてきた地元のベテラン職人が亡くなったため、現在は真梨子さんが新たな杜氏として活躍している。

真梨子さんが主に造りを担う「忠愛」は、一時、「富美川」に主役の座を譲っていたが、今では純米酒シリーズとして人気が高く、特別純米、純米吟醸、純米大吟醸といった幅広いラインアップで全国展開している。最近､真梨子さんの提案により「忠愛」のロゴの「愛」の文字だけを大きくした。「東日本大震災を経験して、これからの時代に求められるものは

住　所／矢板市大槻９９８
電　話／0287・48・1510
代表者／富川栄子
創　業／1913（大正2）年

何だろうとあらためて考えたのがきっかけです」と真梨子さんが明かす。

昔から酒造りで特に重要な要素を表す「一麹（こうじ）二酛（もと＝酒母造りのこと）三造り（もろみを仕込むこと）」という言葉がある。真梨子さんは「それらの工程はもちろんですが、今の酒造りは『一、二、三まで原料処理』と言われるほど原料処理が大切なんです」と強調する。原料処理とは、玄米の「精米」から始まり、精米した米の表面に残った糠（ぬか）や米くずなどの不純物を洗い流す「洗米」、精米した米を水に浸す「浸漬」、米を蒸す「蒸米」までの工程で、良い蒸米を得ることが良い日本酒を造るための第一歩となる。米の吸水率は刻々と変化するため、米の品種や精米歩合、割れ米の割合、米の温度や水分量、その日の気温や水の温度などから総合的に判断し、洗米などをどのように進めるかを決めなければならない。水分量の多寡により、麹造りや酒母造り、醪の管理など、後の行程に大きく影響するため、一連の工程に細心の注意を払っているという。

栄子さんは「娘が帰ってきて10年になりますから、新たに取り組みたいことがいろいろあるようです。今はコロナ禍で大変な時期ですが、女性の蔵が造る愛の酒でこの苦難を乗り越えていきたいですね」と話し、蔵の未来を担う真梨子さんを頼もしげに見詰める。真梨子さんも「みんなで、手造りで醸すのが当蔵の特徴です。若い人も含め幅広い世代の方に楽しんでいただける柔らかいお酒を目指しています。今後は地元の酒米を使い、真の地酒造りを世の中に広めていきたいと考えています」と力を込めた。

森戸酒造

矢板市

地域とともに進化続ける

地元に貢献してこその地酒

数々の名水をはぐくむ那須連山・高原山を背に仰ぎ、周囲には昔ながらの田園風景が広がる。春にはカエルの鳴き声が響き、夏にはホタルが舞う。この自然環境に恵まれた矢板市東泉の小さな酒蔵で、屋号である「十一屋」の通り、「（一）甘からず」「（十）辛からず」飲み飽きしない旨口で品質本位の酒を造り続けている。

喜

「私どもの蔵は代々そうですが、地元に貢献してこその地酒という考えを守ってきました。地域の人とのつながりのもとに成り立っている商売であり、地域の方々を雇用し、また地域の農業に少しでも貢献できるように良い気候風土でできた地元の米などを原料に、地元で消費するというのが地酒。近年、流通の発達に伴って他の地域にも届けるようになりましたが、今も地酒の考え方を忘れずに商売させていただいています」。２００１年から5代目当主を務める森戸康雄さんは自らに言い聞かせるように語る。

創業は１８７４年、近江商人を先祖に持つ初代の清平が奈佐原（現鹿沼市）で醸造を営んでいた本家より独立し、かの地で醸造を始めたとされる。「初代は酒屋を興すのに大変苦労したということで、2代目の利平は地域貢献を重視し、村長を引き受けたり、酒造りを通して地域の方々と交流を深めていったとのことです。3代目の俊雄は消防団長、4代目で私の父の美雄も保護司として社会奉仕を熱心に行ってきたという歴史があります」

同蔵で半世紀以上、酒造りの中心だった越後杜氏・丸山長三郎さんの引退に伴い、康雄さんが当主となる前年の２０００年に杜氏に就任。以来、20年にわたり地元の米や水を使った伝統の酒造りを守りつつ新たな技術の導入、新たな市場の開拓に積極的に取り組んできた。

そうした挑戦が見事に実を結んだのが２００６年に発売した「十一正宗　さくら原酒」。蔵に付いた酵母を利用する通常の日本酒とは異なり、自然界に咲く花から分離した「天然酵母」を利用しているのが特徴だ。天然酵母の生みの親である東京農業大学酒類学研究室の中田久保名誉教授は康雄さんの恩師であり、全面的な協力を受けて商品化に成功した。

「さくら原酒は、夏の時期は氷を入れてオンザロックで、冬はお湯割りでと新しい飲み方の提案をしています。バーベキューや肉料理などにも合います。非常に膨らみがあって切れの良い、まったく新しいタイプの日本酒です。吟醸酒を造るように温度管理に気を付けて丁寧に造りましたが、高価なものでは晩酌に飲んでいただけませんからリーズナブルに抑えて提供させていただいております」

喜びや感動を与えられる酒を

現在、天然酵母を使用し、「Ｏｎｌｙ ｏｎｅ 安心・安全　安くてうまい『究極の晩酌酒』」をうたう「天然吟香酵母」シリーズは、矢板市の市花であるツツジ酵母の「つつじ」や、同市の特産品のリンゴ酵母の「りんご」など4種類。「日本の食生活は経済と共にどんどん豊かになり、和食中心だった食事も洋食中心に変化しています。日本酒もそうしたライフスタイルに合った飲み物として提供していかないと、どんどん後れを取ってしまいます。もちろん基礎を忘れたわけではありませんが、時代の流れにそった飲料、他社との差別化を図った飲料を提供するのもサービスと考えています。ツツジと地元産米のコラボレーショ

住　所／矢板市東泉６４５
電　話／０２８７・４３・０４１１
代表者／森戸康雄
創　業／１８７４（明治７）年

ンによる『つつじ』は栃木県の特産品であるギョーザに合う、ちょっと酸の効いたキレの良い純米酒に仕上げています。また、『りんご』はちょっと甘めの純米酒で、リンゴ酸がさわやかなので唐揚げとか天ぷらなどの油料理に合います」と自信を見せる。

　このほか、同蔵の杜氏・蔵人の渾身の作品である大吟醸酒「真」「泉の里」、全国名水百選の「尚仁沢湧水」を仕込み水とし、柔らかな飲み口の「尚仁沢」シリーズ、季節限定品の「新酒一番しぼり（生酒）」などラインアップは約30種類にも及ぶ。

　現在の酒造りは５～６人体制で年間４００～５００石を出荷。栃木県酒造組合が創設した本県独自の製造責任者「下野杜氏」の大橋正典さんも蔵人の一人だ。「彼も私と同じ東京農大醸造学科の酒類研究室で花酵母を研究していたので、安心して任せられますし、次世代を担う杜氏として大いに期待しています」と笑顔で話す。

　県酒造組合の副会長を務める康雄さんは、県内の酒蔵の現状を「私が社長になった20年前は、30代、40代の社長は数えるほどしかいませんでしたが、今はずいぶんと若返っています。栃木県酒造組合は非常にまとまった団体です。仲間がいることは心強いですし、酒蔵同士の切磋琢磨によって品質が良くなっていくことが大事だと思っています」と語る。

「ただおいしいだけでなく喜びや感動を与えられる酒を造っていきたいですね。コロナ禍という厳しい状況下ですが、そこにチャンスも潜んでいると考え、前向きに取り組んでいけば未来が見えてくると思います」

松井酒造店

塩谷町

〝超軟水〟で口当たりの良い酒に

寿

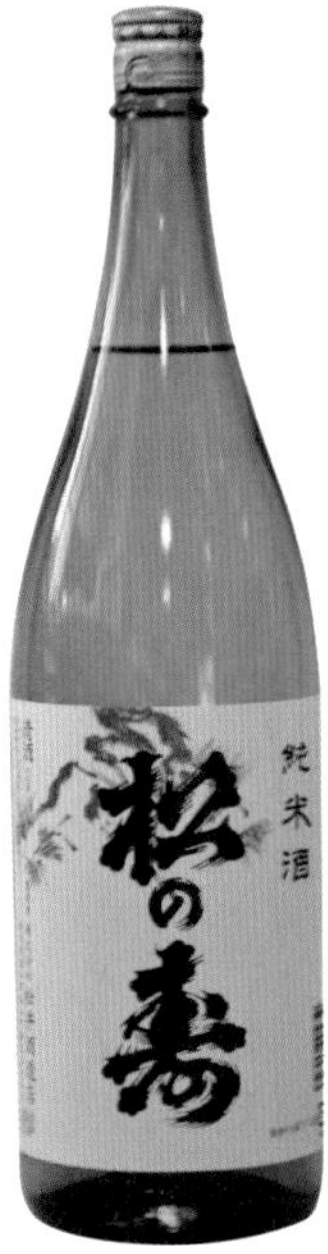

キーワードは「再現性」

日光街道（国道１１９号）から船生街道（県道77号）に入り、車で20分ほど北上した塩谷町船生。かつて船生村と呼ばれたこの地で、江戸時代末期の慶応年間から蔵を構えるのが松井酒造店だ。近くには道の駅「湧水の郷しおや」があり古くから良質の水に恵まれた土地でもある。昭和歌謡を支えた本県出身の名作曲家、船村徹（１９３２〜２０１７）の出身地としても知られる。ちなみに同社の造る日本酒は主力ブランドの「松の寿」のほか、船村の代表作から名前を取った本醸造酒「男の友情」もある。

「創業者は新潟からこちらに移り住んだそうです。九郎治という名前だったので恐らく九男とかで、職を求めて来たのでしょう」。こう語るのは蔵元の松井宣貴さんだ。

松井酒造店を語る上で欠かせないのが、同社の裏山を水源とする湧き水を使った酒造りだ。ミネラルが極端に少ない超軟水のため酵母が活動しにくいというデメリットもあるが、鉄分など酒造りの上では邪魔になるものも含まれないため、口当たりのいい酒に仕上がるという。「湧き水を使った仕込みは、県内ではうちだけです。水の味を大事にした酒造りを心掛けています」と強調する。松の寿も、すっきりした、やわらかい口当たりが特長だ。

松井さんが酒造りで大事にしているキーワードが「再現性」だ。「毎年、原料となる酒米の質や、天候など条件は異なってくるが、同じような酒に仕上げることを心掛けています。あと、やっぱり一人では造れないのでチームワークも大切です。従業員もいろんな人がいますが、ばらばらだとどうしてもいい酒はできない。お米も人も見極めながら、一年一年取り組んでいます」。再現性の難しさでいうと、温暖化の影響は大きいという。「昔の米に比べ、今の方が若干硬めになっていると感じます。暖冬化も顕著で、塩谷町だと以前は12月の蔵の温度は5℃くらいでしたが、最近は10℃近い日が続くこともあります。1カ月くらいずれていますね。ただ、今は設備投資である程度対応できるようにはなっていますが」

下野杜氏の1期生

松井さんは東京農業大醸造学科を卒業後、群馬県高崎市の酒造会社で酒造りを学び、1994年10月に実家の松井酒造店に入った。日光、鬼怒川の観光地に近いことから、以前から旅館向けの販売が多かったという。「うちの親父の時代は販売先の9割が日光、鬼怒川でした。普通酒が中心で価格も安かった。それでも量がさばけたころはよかったが、時代とともに観光客や日本酒の消費量も減ってきて…」と振り返る。そこで「量よりも質」の酒造りに向け、特定名称酒の製造にシフトしていった。「ただ普通酒の手を抜くという訳ではなく、普通酒の割合はかなり減りましたが、適正な価格で販売できるようになりました」

松井さんは本県独自の杜氏制度、下野杜氏を立ち上げた中心メンバーとしても知られており、自身も2006年に1期生として下野杜氏の認証を受けている。南部杜氏の制度を参考に、ポイント制で試験を受けられる制度を作った。今でこそ各県で同様の制度があるが、栃木県は比較的早かったという。松井さんも他県に招かれ、下野杜氏について講演することもあった。下野杜氏は今や20人を超えるまでになった。「下野杜氏の資格を持つ人が増え、皆さんが自信をもって酒造りに臨むようになったと思います。モチベーションの向上につながっています」

松井酒造店が使用する酒米は五百万石を中心に、ひとごこち、あさひの夢など。本県オ

住　所／塩谷町船生３６８３
電　話／０２８７・４７・０００８
代表者／松井宣貴
創　業／１８６５（慶応元）年

リジナル酒米の夢ささらも取り入れている。また「吟醸酒に向かない」という評価から近年、県内では使う酒蔵が少なくなった、もう一つの本県オリジナル酒米、とちぎ酒14も使い続けている。「確かにとちぎ酒14は味が出にくい。うちは水も弱い（超軟水）ので余計出にくいんですけど、その分、きれいな酒に仕上がるんですよ。熟成にも耐えられる酒なので、輸出にも向いています」とその理由を説明する。19年には世界最大級のワイン品評会、インターナショナル・ワイン・チャレンジ（ＩＷＣ）の純米酒部門で、同社のとちぎ酒14を使った酒がトロフィーを受賞した。「自分の中では会心の出来という訳でもなかったのですが、国内とは評価されるポイントが違うので外国人の審査員にはまったのかもしれませんね。僕自身はとちぎ酒14が好きで作り続けているんですが、うち以外の多くの酒蔵はやめちゃっています。受賞でとちぎ酒14に恩返しできたのかなという気持ちです」と笑う。

少子化や若者の酒離れなど、日本酒業界を取り巻く環境も決して追い風ばかりではない。松井さん自身も「お酒が売れない時代だ」と話す。一方で、こういう状況下だからこそ、多くの人に日本酒の魅力を知ってもらうＰＲが欠かせないという。「栃木県としての日本酒の知名度を上げていくことも必要です。ただ急に上がるものではないので、地道な積み重ねに尽きますね。目指せ山形、目指せ静岡といった感じです。幸い栃木の酒蔵は連携ができていて情報交換も盛んなので、そこはいいところだと思っています」

小島酒造店

塩谷町

こだわりと変革　県内最小の蔵の挑戦

里

コロナ禍の苦境脱してつかんだ自信

看板の銘柄「かんなびの里」は、神が鎮座する神聖で静寂なる田舎里の意味。その名の通り、日本名水百選の一つ、尚仁沢湧水に代表される名水の地・塩谷町風見にあり、家族3人で仕込みから出荷までを切り盛りする県内最小の酒蔵である。昔ながらの酒槽（ふね）による丁寧な上槽（搾り）や、瓶に詰めた生酒を1本1本丁寧に熱処理する瓶燗火入れなど、細部にまで徹底的にこだわるオール手作業の酒造りで知られており、そのストイックな姿勢には根強いファンが多い。

そんな酒蔵もご多分にもれず、２０２０年の幕開けと共に始まった新型コロナウイルスの感染拡大の影響で大きな打撃を受けた。「4月は売り上げが7割減ですから、これは翌月まで持たないんじゃないかと思いました」。前年の7月、父親・治さんから承継し、38歳の若さで6代目最高経営責任者に就任した小嶋拓さんは当時の状況をそう振り返る。しかし、「とことん悪あがきをしてみて、それでも駄目だったら蔵をたためばいい」と覚悟を決め、手指消毒液の代用品としてアルコール度数の高い酒「高濃度エタノール」のポリタンク5リットル入り製品の販売を始めた。これが地元の学校や金融機関などで好評を博し、崖っぷちのピンチから脱することができたという。現在もコロナ禍の収束は見通せないが、「エタノールという成功例が自信になりました。これから全ての生活様式が変わるということは全てのサービスがフラットになるということですから、私たちのような小さな酒蔵も生き延びられる可能性が高まったかもしれません」と前向きに受け止めている。

同蔵の創業は明治初期、風見の一地主だった初代小嶋宇野が納屋で酒造りを始めたことからとされる。１９１４年、2代目の真一郎が現在の住所に酒蔵2棟と貯蔵庫として日本では珍しい地下蔵を建造し、１９２０年に代表銘柄となる「新郎」の製造販売を開始。１９８５年、5代目の治さんが「都市部に受け入れられる酒を造りたい」という思いと、古き良き時代の道具と手造りをモットーに製造販売を始めたのが「かんなびの里」である。治さんが酒造りの中心となる以前は、越後の名杜氏・遣水一郎さんが引退するまでの40数年間にわたり腕を振るっていたという。

若者層の開拓へ環境づくりを

拓さんは2003年、東京農大応用生物科学部醸造科学科を卒業後、新潟銘酒の「緑川酒造」で2年間修業し、05年に実家の会社に入社した。「遣水杜氏とは1年だけ一緒に酒を製造しました。杜氏がいなくなって初めて分かったのですが、それは自分の酒造りはまだ十分ではなかったということ。ただ、酒造りのデータがそろっていたわけではなく、全部自分で作り直して一から造りを構築しなければならなかったので最初は本当に苦労しましたね」

同蔵が醸す酒は、食を引き立てながら酒としての主張も合わせ持つ淡麗辛口として人気が高いが、そこで満足して歩みを止めてしまう拓さんではない。伝統のオール手造りを堅持しつつ常に「新しい酒」への変革を目指して試行錯誤の日々を送っている。

「現在は50代～70代前半のお客様が日本酒を支えてくれていますが、10年、20年先を考えると今の20代、30代にターゲット層になっていただかなければなりません。イメージを覆し、若

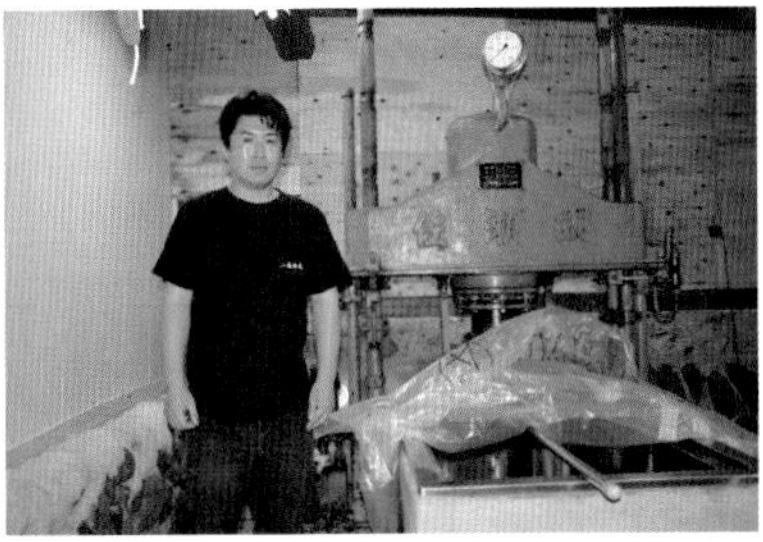

住　所／塩谷町風見1185
電　話／0287・46・0903
代表者／小嶋　拓
創　業／明治初期、会社設立1937（昭和１２）年

者たちがすんなり入ってこられる飲み方を提案しなければ日本酒の未来はないと考えています」

そこで考案したのが、ウイスキーを炭酸で割ったハイボールのように日本酒をジンジャーエールで割る飲み方。「かんなびの里の本醸造クラスとジンジャーエールを1対1で割るとスパークリングワインのようで非常においしいんです。そもそも私は、お客様にどのように日本酒を飲んでいただいても自由と考えていて、それより和気あいあいとみんなで楽しく飲むことが大事。お酒が主ではなく、人と会話と食事が主であって、その潤滑油がお酒でいいんじゃないかと思っています」。もう一つが「サイズ感を変えていく戦術」だ。日本酒は一升瓶よりコンパクトな四合瓶の人気が高いが、それをさらに進めて１００㎖瓶の販売を検討しているという。「失敗してもいいかと思えるリーズナブルな価格になりますので手に取っていただきやすくなると考えています」と笑顔で話す。その二つの構想にはさらに先があり、将来的には有名な音楽フェスに「かんなびの里」をジンジャーエールで割った「かんなびハイボール」を販売するブースを設置したいと青写真を語る。

「楽しいお酒を飲んでいただく環境をどう整えるかが、これからの私の仕事になると思っています。どういうタイプのお酒が若い世代に向くのか。そのためにはまずお酒を飲んでもらわないと何が向くのか分かりません。私たちのような小さな蔵の強みは、こんなお酒が欲しいという声に迅速に対応できることです。今は『淡麗辛口』と言われていますが、もし皆さんが違うお酒を欲するのなら変えてもいいと思っています」

島崎酒造

那須烏山市

洞窟熟成酒、世界で評価

甘

甘い普通酒が今も人気

幕末、ペリー来航の4年前になる嘉永2（1849）年、初代の島崎彦兵衛が創業した。那須岳を水源とする清流那珂川を擁した豊富な水、良質の米に恵まれた那須烏山市に移転したのが2代目の熊吉の時代だった。6代目の島崎健一社長は「近江商人が分家したのが始まりだそうです。初代は茂木町で酒造りをし、2代目がすでにあった酒蔵を譲り受ける格好で那須烏山市に引っ越してきたらしいです」と説明する。

「東力士」という銘柄を生み出したのも2代目熊吉。「商売上手だったそうです。相撲が大好きで、それにちなんで『東力士』という商標にしたようです」。2代目熊吉や5代目の健一社長の実父、利雄会長の時代、シェアを広げていった。かつて宇都宮市の二荒山神社前にあった居酒屋「東力士」。多くのサラリーマンでにぎわったこの店とも取引があり、「東力士」の名が広まる要因にもなった。『せんべろ』（千円でべろべろに酔える低価格の酒場の俗称）ブームの走りのような店でした。あるビールメーカーの人が昔言っていましたが、宇都宮で一番売れた店だったそうです」と笑う。

「私達は民族古来の国酒『日本酒』の伝統を継承しその発展を通じて地域社会に貢献する」のが社是で、米の旨み、甘みを存分に表現した旨口酒造りにこだわる。「秘伝の甘口を守り、そしてより旨い酒を追求しています。おかげさまで地元の人に今も愛飲いただいている普通酒も『これほど甘い普通酒は珍しい』といわれるほどです。だからこそ今も続いているのだと思います。山に囲まれた那須烏山市で農業や林業など体力を消費する仕事が多かったことも甘口が好まれた理由だと思われますね。他の酒蔵さんが辛口を造るようになる中、甘口にこだわってきました。これは一つの財産であり、伝統なんです」

１９７０年から大吟醸酒を中心とした長期熟成酒製造を始めた。年間平均温度が10度前後で、日光がまったく差し込んでこない洞窟で貯蔵、熟成する。この「洞窟酒蔵」は第二次世界大戦末期に戦車を製造するために建造された地下工場の跡地で、那須烏山市の近代化遺産にもなっている。「熟成酒のニーズもだんだん高まってきています。輸出も増えていますね。ヨーロッパでは熟成酒は人気で、業界内でも『次に来るのは熟成酒』と言われています」。その中で島崎社長が一推しするのは熟成させた純米酒。「10年、20年という長期ではなく、2、3年という期間熟成した酒です。旨味がしっかりした食事とあいます」。20年9月にはフランスでの日本酒コンクール「Ｋｕｒａ Ｍａｓｔｅｒ」で洞窟熟成酒「熟露枯（うろこ）山廃純米原酒」が、純米酒部門の最高位プラチナ賞を受賞した。冷やではコクと酸が心地よい酒で、燗にするとやわらかく旨みが広がるのが特徴。「独自製法の洞窟熟成酒が世界的に高い評価をいただいたことはとてもうれしく、励みになっています」と喜んだ。

地域おこしの波を大波に

この洞窟酒蔵では大吟醸酒熟成や希少古酒の貯蔵だけでなく、広く一般の人にも開放している。見学や蔵元限定の洞窟熟成酒を販売しているほか、映画のロケや地域住民によるコンサートやイベントにも活用されている。「島崎酒造は長く地域の人に育てられ、支えられてきた地酒メーカーです。地域おこしの波を大波にするためにもこうした仕掛けを続けていきたい」

熟成酒という新ジャンルに挑戦する一方、定番となっている酒造りもさらに充実させる。

住　所／那須烏山市中央1－11－18
電　話／0287・83・1221
代表者／島崎健一
創　業／1849（嘉永2）年

古くから新潟県の越後杜氏が酒造りに携わっていたが、20年ほど前から「地元で人を育てよう」と社員による酒造りを開始した。すでに生え抜きの杜氏は3代目となっていて、現在は下野杜氏が酒造りを担当する。定番の「東力士　大吟醸」はフルーティな香りと淡麗ですっきりとした味わいが特徴だ。

どんなアテと合うのか。「那須烏山といえばアユです。もちろんアユは酒のアテとして最高ですが、熟成酒はウナギの蒲焼とあいますね。イタリアンとも意外にあいますよ。チーズとかもいいですね」と話す。

価値観の多様化によって酒の好みも千差万別となっている現代社会。日本酒のニーズが減りつつある。その傾向に追い討ちをかけたのが新型コロナウイルスの感染拡大という事態だ。

「コロナによっていかに家庭で日本酒が飲まれていないかを痛感しているところです。家庭で飲まれる分かりやすいお酒を造っていかなくてはなりません。最近では一升瓶で日本酒を買う人は少なくなり、四合瓶や300㎖で買う人が増えています。精米歩合何%といっても一般の人には馴染みがありません。そうした中で日本酒の味わい方を伝えていく必要を感じています。そういうことを一つ一つ積み重ねて強みを出していくしかないでしょう」と分析する。

将来にむけての新プランを聞くと「栃木の地酒は多様性があり、質、レベルともに高いと思います。そうした中で情報発信力は重要です。これからは熟成酒をどう事業展開できるかがポイントになってきます。質の高い酒を引き続き造っていきます」と語った。

白相酒造

那珂川町

「地」にこだわり　オンリーワンの存在感

茜

自社水田で社長自ら米作りも

澄んだ空気、青い空、那須連山からの清水にも恵まれた那珂川町小川に店を構える小さな酒蔵である。明治30年代後半、農家の跡取りだった初代が、「地元の人々が飲む酒を、地元のもので、地元の人々に喜んでもらえる酒造りをする」との思いで農業から転じて創業したとされる。その徹底して「地」にこだわった酒造りの精神は、現在の4代目社長、白相淑久さんにも脈々と受け継がれている。いや、むしろ「他人と同じことはしたくありません」と言い切るトップの下で「地産地消」は継承から進化へと形を変え、アイデア豊かな新商品を次々と世に送り出すオンリーワン酒蔵としての存在感を醸している。

白相さんは同志社大学を卒業後、アフリカ、欧州などの海外勤務を経て実家に戻り、1991年から社長を務めている。「うちは社員4人で、人手が必要な時はパートの方に手伝っていただいています。石数（生産量）さえ追わなければ、酒造りは2人でも1人でもできますから」。しかし、そんな小さな酒蔵は、伝統である地元農産物へのこだわりと、「酒造りは従来の延長線上では駄目になる」（白相さん）との危機感が生み出した個性的な商品で業界や世間の耳目を集めてきた。

その代表的な日本酒が、栃木県産イチゴの「花酵母」で仕込んだ純米吟醸酒「とちあかね」だ。花酵母は、東京農業大学の中田久保名誉教授が1990年代後半にナデシコやツルバラなどの花から分離に成功した天然酵母。白相さんは「東京農大花酵母研究会」のメンバーとなり、さまざまな花から酒類の香味を大きく左右する要因とされる「清酒酵母」を見つける研究に協力。2003年から約2年がかりで苺の花酵母の分離開発に辿り着き、05年に地元産の酒造米「五百万石」を使って仕込んだ「とちあかね」を発売した。程よい香りとさわやかな酸味、キレの良さで好評を博している。同シリーズには、イチゴ王国を名乗る栃木県にふさわしいロゼワインのような綺麗な色味が特徴の「とちあかね　RED」もある。

このほか、日本酒は「御用邸」「福寿松の井」などの銘柄があり、地元の米、水、蔵人の手により醸している。純米吟醸酒については現在、自社水田で社長自ら栽培した栃木県産ブランド米「なすひかり」を使用。「田んぼを担当していた社員が数年前、高齢のため退職したので、それからは自分で米を作っています。年金をもらう年頃からのスタートでしたけど、やってみると農業は面白いね。6次産業化という言葉もありますが、酒造りも本来は自分で作ったものを原料にしてやるべきでしょう。ワインだったら自分でブドウ畑を持って造るし、日本酒だったら自分の田んぼで米を作って自らアルコールにするのが自然なことだと思います」

県内唯一、「地産地消」で本格焼酎製造

「地産地消」は日本酒に限らない。同蔵は、栃木県内で唯一、麦や芋などの本格焼酎を製造しており、ここでも全国トップクラスの生産量を誇る栃木県産「二条大麦」や地元契約農家が育てたサツマイモを使用している。

同蔵では戦後、酒造原料米が限られ、日本酒需要に十分応えることができなくなったことから先代社長が地元のアルコール飲料需要に応えるため、焼酎製造免許を取得し、地元

住　所／那珂川町小川715－2
電　話／0287・96・2015
代表者／白相淑久
創　業／1907（明治40）年

栽培のサツマイモを使って芋焼酎造りをしていた時期があった。その後、芋焼酎造りは中断して粕取り焼酎のみを製造していたが、多くの地元消費者から「地元産原料を使った焼酎ができないか」という声が高まったことを受け、遊休農地でサツマイモ（紅あずま）を栽培し、約半世紀ぶりに芋焼酎製造を再開させたという

焼酎は、一次仕込みで米麹（または麦麹）を造り、蔵人の手によって丁寧に仕込まれる。二次仕込みでは、麦焼酎は県産二条大麦、芋焼酎はサツマイモを地元農家の手で選定処理し、大釜を使って高温加熱、冷却・粉砕した後、もろみに投入。その後、徹底した管理の下、蒸留機で蒸留させる。こうした工程を経て、主銘柄の「本格焼酎とちあかね」をはじめ、九州産焼酎などとは異なる、栃木県独自の香り豊かな味わい深い焼酎が完成するという。

現在、焼酎のラインアップは、ソバ、米、山椒、栗、カストリ（清酒粕を原料にして蒸留）、コーヒー豆など10種約50アイテムにも上る。「これまでトライ&エラーで様々なことに取り組んできました。日本酒でも焼酎でも地元産を使う最大の理由は、それが本当の〝地〟の酒だから。誰にでも造れるものでないからこそ、安全・安心を第一に、消費者が求めるうまいものを提供する義務があると考えています」と力を込める。

「製造の規模ではなく、造り続けていくことが大切。これから人口減少などの影響で国内のアルコール消費量が減っていく中で、どうやって酒蔵を継続していくか、それに対応するにはどうすればいいかを考え続けていかなければと思っています」

渡邉佐平商店

日光市

「純米酒」にこだわり 日光特産品を目指す

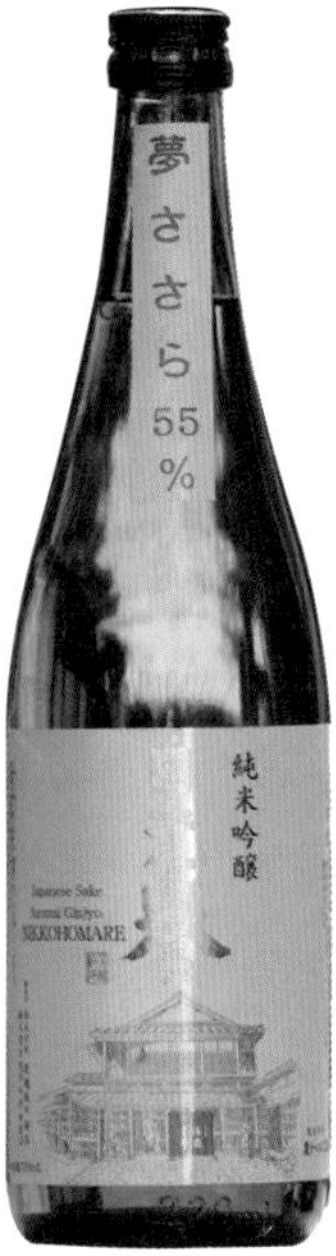

「観光」の利点がコロナで打撃

日光街道、会津西街道、例幣使街道の日光杉並木街道を代表する3街道が合流する交通の要衝に位置する日光市今市の中心市街地にあり、やはり同市内に蔵を構える片山酒造とともに「観光」が販売の大きなアドバンテージとなっている。県外や海外の団体客など年間2万人超が訪れるだけに、2020年、世界的に猛威を振るった新型コロナウイルス感染拡大の影響は大きかったという。「4月頃は本当に厳しくて、やっと7月に入ってお客様が戻りつつありますけどまだもう少しですかね。うちは酒蔵見学に力を入れていますが、今は人数を絞ってご案内せざるを得ません」。２０１６年から社長を務める渡邊康浩さんは、7月下旬の取材にコロナ禍の厳しい状況をそう説明していた。

とはいえ、未曽有の事態にただ手をこまねいていたわけではなく、この時点で既に二つのコロナ対策を打ち出していた。当時の消毒用アルコール不足に対応した高濃度アルコール製品の販売と、できるだけ他人との接触を減らし安心して買い物してもらうための簡易的なドライブスルー販売だ。「ハンバーガーショップのドライブスルーがにぎわっていると聞き、それならうちでもと考えました。完全なスルーはできず、Uターンして帰っていただいています。でも、小さなお子さんを連れたお母さんや、購入する品が決まっている方などが店内に入らなくても買い物できるので、これはコロナ禍の間に限らずメリットがあるかもしれません。現在中止しているドライブスルーも含め、今回の事態を新しい売り方を見つけるための機会にできればと考えています」と意欲的に語る。

渡邊さんは慶應義塾大学経済学部を卒業後、東京の宝石店での営業職を8年半経験している。家業とは全く異なる社会経験が、ドライブスルーといった柔軟な発想に結びついているのだろうか。「それはあるかもしれません。社長就任後も先代の親父にはよく相談していますが、その上で親父が始めた見学会について海外客をより積極的に受け入れるようにしたり、商品ラインアップを少しずつ変えてきました」という。

地元産米を積極的に活用

同社の大きな特徴に「純米醸造酒こそが本来の地酒」との強いこだわりがある。「今はだいぶ純米酒の出荷が増えたと言われていますが、日本全体ではまだ4分の1程度。うちは大吟醸の一部と普通酒を除いた全体の9割以上が純米酒です」と説明する。もう一つの特徴が地元産米の積極的な活用で、現在は地元の農家4人と契約。「五百万石」を使った「純米吟醸日光誉」を皮切りに、栃木県が開発した「夢ささら」、「雄町」の3種類の酒米による純米吟醸を販売している。「品評会に出品する酒に山田錦を使うのはもちろんいいですけど、やはり地元の農家さんが作った米を使った商品には観光需要もあります。ワインはそうした地産のストーリーで成立しているので、日本酒にもそれが必要かなと。農家さんの顔が見えることは、我々にも良い刺激になりますし、異なる米を意識しながら酵母を選んだり、同じ精米でもさまざまなバリエーションが出てくるので、それも一つの売りになるのではと考えています」

コロナ禍がなければ２０２０年の最大のトピックスとなったのが酒造りの最高責任者である「杜氏」の交代だろう。体調面の問題で退いた南部杜氏に代わり、県内屈指の人気酒造店「せんきん」で杜氏を務めていた下野杜氏第2期生の小林昭彦さんが担うこととなっ

住　所／日光市今市450
電　話／0288・21・0007
代表者／渡邊康浩
創　業／1842（天保13）年

た。「季節労働者である南部杜氏は5、6カ月間といった短期間に全部の酒を造らなければいけないのでぎゅっと詰め込んだ造りになりがちです。一方、宇都宮から通いの小林さんの場合、年間を通した酒造りが可能なので造りに余裕が出ますし、プラス若くて新しい知識も豊富なため、新たにできることが増えていくと思います」と今後の飛躍に期待する。

看板商品の一つ、「純米大吟醸　清開」は、低い温度で長時間ゆっくりと発酵させて造った高級酒で、さわやかな香りとすっきりとした味わいが持ち味だ。また、「純米吟醸　日光誉」は、地元産米と華厳の滝から流れる大谷川の伏流水を使用し、栃木県産酵母で醸し出した生粋の地酒で、香味のさわやかさが特長となっている。このほか、毎年の桃の節句に合わせて限定販売する、遊び心に富んだピンク色の活性濁り生酒「朱」など、豊富なラインアップを誇る。

「日本酒の良さが最大限に出るのは、食事しながら飲んでいただく時です。あてに関しては、和食や魚介系が合うのはもちろんですが、今は日本酒のバリエーションも増えているので、既成概念に捉われず冒険していただきたいですね」と笑顔で語る渡邊さん。一大観光地にある老舗酒蔵として描く将来像は明快だ。

「栃木の酒が全国的にはまだまだ有名と言えないように、日光の酒も有名ではありません。日光の特産品と言えば、ゆば、羊羹、カステラですが、ぜひ、そこにうちと片山酒造さんの日本酒を加えたい。観光で来られるお客様たちに『日光の酒はおいしいので、ゆばに合う酒を買って帰りたい』と思っていただけるよう努力していきたいですね」

片山酒造

伝統を受け継ぐこだわりの酒造り

日光市

素

兄の急逝で7代目代表に就任

日光連山を源とする清流・大谷川の伏流水を使い、昔ながらの伝統を生かした丁寧な酒造りで知られる。その老舗酒造店に激震が走ったのはコロナ禍の渦中の２０２０年４月末だった。６代目代表の片山貴之さんが51歳の若さで急逝。これを受け、専務で杜氏も務める２歳違いの弟・智之さんが急きょ７代目を継ぐこととなった。「急なことだったので本当にバタバタでした。それまで兄が営業や販売、私は蔵でお酒を造ったり瓶詰めしたりと分けていたのですが、私が経営も担わなければならなくなりました。それからは引き継ぐべきものを早く引き継ごうと必死にやってきました」と振り返り、「代表になったばかりで偉そうなことは言えませんが、酒造りに関してはこれまでと同様、基本に忠実に、真面目に取り組んでいきたいと思います」と謙虚に話す。

同社の酒造りへのこだわりには驚くべきものがある。米は兵庫県産特Aランクの山田錦、酵母は栃木県が開発した特別な酵母を使用。日本酒の味を左右する要因の一つとされる、もろみを酒と酒粕に分離する作業の「搾り」では創業以来、「佐瀬式」を採用している。これは、もろみを一つ一つ人の手で袋詰めし、丹念に積み重ねて上からゆっくり圧力をかけて搾る手法で、何度も繰り返すため時間も手間もかかる。県内の酒蔵での採用はわずか1割程度。それでも同社が大手酒造メーカーには決してできない手法を続けるのは、「人の手で丁寧に造られる、本来の日本酒の味わいを多くの人に知ってほしい」との思いからという。

多くの酒造メーカーと一線を画す「原酒」と「直販」へのこだわりも全く同じ理由だ。一般的に日本酒は貯蔵後に水を加える「割水」によりアルコール度数を15度前後に調整して造られており、加水前の日本酒を原酒と呼ぶ。同社の原酒柏盛シリーズの人気は高く、特に看板の「生原酒　素顔」は非加熱、無濾過で、すっきりとした喉越し、芳醇な旨味とほのかな甘みで多くの日本酒ファンをうならせている。力を入れている無濾過の生原酒を出来立ての状態で消費者に届けるには、通常の流通ルートに乗せて酒屋で販売するより直販の方が適しているという。「直販は父親（5代目代表の故・昌邦さん）の代からなので、もう45年になります。無濾過生原酒は要冷蔵ですが、通常の流通ルートの過程で必ず守っていただける保証がありません。直販であればお客さまに『保存は必ず冷蔵庫で』とお願いできるので、最高の状態で飲んでいただけると考えています」

大吟醸は同じ条件下での杜氏の腕試し

智之さんは２００２年に父・昌邦さんが亡くなったため、勤務していた酒問屋を辞職して実家に戻った。当時の蔵を支えていた越後杜氏に3年間師事した後、杜氏として独り立ち。その後、「下野杜氏」の認証も受け、酒造りの最高責任者として腕を振るっている。

こだわりの酒造りは、約20種類の商品ラインアップの全てに及ぶ。例えば、「大吟醸　素顔」は、フルーティーな大吟醸の華やかな香りと、淡麗辛口ならではのスッキリとした味わいが特徴で、全国新酒鑑評会入賞も果たしている逸品だ。

「本醸造酒などは、お酒中心か食事中心かによって選択の仕方が違ってくると思いますが、大吟醸に限って言えばお酒自体に主張があり、単品で楽しめるものでなければならないと考えています」と持論を語る。「同じ山田錦、同じ酵母を使っても造る人によって味は

住　所／日光市瀬川146−2
電　話／0288・21・0039
代表者／片山智之
創　業／1880（明治13）年

変わるので、蔵元の個性を出すというより同じような条件下での杜氏の腕試しといった面も強いんです。ですから、こういうお酒を造るとイメージしながら与えられた原料で最高のパフォーマンスを発揮できるよう努力していくしかありません」

同社が2018年に発売したラグビーのニュージーランド代表であるオールブラックスをイメージしたボトルデザインの「ALL　BLACKS　純米大吟醸」が大きな注目を集めたのは記憶に新しい。高校ラグビーの名門・国学院久我山高でラグビー部だった兄・貴之さんの溢れるラグビー愛を形にした酒で、智之さんは「日本でワールドカップが開催された2019年は空前のラグビーブーム。それまでは兄がいくらラグビーの話で熱弁をふるっても多くの方はルールもよく分かっていない状況でしたが、それが一変し、『みんながラグビーの話をしてくれるだけで嬉しい』と喜んでいた兄の姿が思い浮かびます」と、しんみりと語る。

時代は低アルコール化の流れが顕著となっているが、「原酒が多いので『ずいぶん男っぽい蔵ですね』と言われることもありますが、今さら低アルコールに切り替える気はありません。うちはこのスタイルで行きます」と信念は揺るがない。「酒造りは料理と違って後から味の調整ができませんし、もし造りに失敗してもどの工程に問題があったのか明確なところは分かりません。ですから全てにおいて決して手を抜かず、責任感を持ってやっていくだけです」

こだわりの伝統は、7代目にもしっかりと受け継がれている。

酒販店主が語る「とちぎ酒」の実力

地酒を販売するプロの酒販店。栃木県内の3酒販店の店主に、県内の代表的な酒蔵、地酒の特徴などについて語ってもらった。

月井酒店　那須町

店主　月井 慎也さん

天鷹酒造（大田原市）は「辛口でなければ酒ではない」の言葉通り、辛口にこだわっています。「伝統は守るものではなく、どんどん変えていく」が社是で、新しいものを取り入れ進化している印象です。天鷹シリーズだけでも50～60種類と豊富で、オーガニックにこだわった商品や、安くてうまい酒もあります。新しい試みとして梅酒や粕取り焼酎も造っています。若い人を積極的に重要なポジションに登用したり、農業法人を立ち上げたりしているのもおもしろいですね。つまみは川魚など、その土地で取れるものが合いますね。大田原は唐辛子の産地でもありますし、ピリ辛もろみ味噌のようなものも合うと思います。

渡邉酒造（大田原市）の旭興は、飲めば飲むほど旨いお酒です。山の中にある小さな酒蔵で、9割くらいは地元で飲まれています。渡邉英憲社長は優秀な蔵人で、どんなタイプの酒でも造れる腕があります。本当に酒造りが好きで、ストイックに追求して造るという感じのお酒ですね。フルーティーなものから、日本酒らしい日本酒まで。高いレベルで飲みやすい。他の酒蔵の若い杜氏からも一目置かれています。食材は山菜などが合いますね。**菊の里酒造**（大田原市）が造る大那は「究極の食中酒」という言葉がふさわしいですね。米のふくよかな旨味を生かした、

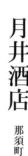

すっきりしたお酒です。しっかり丁寧に寝かせて、味のバランスを考えて造っています。あての定番の塩辛とかはもちろん、洋風化された食事にも合うお酒というイメージですね。ハンバーグやピザなどに合わせても負けない旨味を、丁寧に寝かせることで出しています。味わいのまとまりがありますね。

松の寿の**松井酒造店**（塩谷町）は、蔵の裏山の名水で造っています。超がつくくらい、すごい軟水を生かした酒造りです。派手さはありませんが、すがすがしいお酒です。軟水で仕上げた口当たりが柔らかいお酒なので湯波などが合うでしょう。小さい蔵ですがＩＷＣ（インターナショナル・ワイン・チャレンジ）の日本酒部門に出品して世界２位にもなっています。余談ですが松井宣貴社長の奥さんの真知子さんはキャラが立った人で、インフルエンサー的な存在です。かんなびの里の**小島酒造店**（塩谷町）も小さい蔵で、前任の越後杜氏の時代から淡麗の酒を造っています。今風とは違いますが、ブレないお酒を造り続けています。いい意味で変わらない。「かんなびの里じゃないとだめ」と指名してくる、昔からの固定ファンも多いですね。スーパーではあまり流通していないですね。淡麗で穏やかな、飲み飽きしないお酒です。つまみは湯豆腐が合うでしょう。

老舗の**島崎酒造**（那須烏山市）は、洞窟貯蔵が有名ですね。主力商品の東力士をはじめ、どちらかというと甘口のお酒が多いのですが、地域的に甘口を求める人が多かったのだと思います。那珂川が近いということで、名産のアユをはじめ、ウナギなどの川魚、モクズガニなんかに合わせてもおもしろいのでは。定番ものだけでなく、洞窟貯蔵を生かした古酒や、袋吊りで搾ったお酒など、手間隙をかけた商品も手掛けています。**白相酒造**（那珂川町）は最近は日本酒よりも焼酎に軸足を置いています。白相淑久社長はフットワークが軽い人で、地元の素材を積極的に使った醸造に取り組んでいます。

月井酒店
住　　所／那須町湯本２００−２８
電　　話／０２８７・７６・２８２５
営業時間／午前９時〜午後７時（季節で変動あり）
定 休 日／水曜（繁忙期は営業もあり）

富川酒造店（矢板市）は最近は忠愛が人気ですね。甘めで東力士に近い感じでしょうか。酸度はあまり高くなくて、スムーズに飲めるお酒です。女性杜氏の富川真梨子さんが有名ですが、県内の30〜40代の杜氏では**虎屋本店**（宇都宮市）の天満屋徳さん、**外池酒造店**（益子町）の小野誠さんらとともにいい技術を持っています。仕込みの水は松井酒造店ほどではないが軟水です。辛口ではなく、やさしい味。女性と男性で酒造りに違いはないと思うのですが、女性ならではの感覚などで麹造りの判断に差が出る部分があるのかもしれませんね。**森戸酒造**（矢板市）のある高原山麓も、松井酒造店と並んで水のいいところです。主力商品は十一正宗。酒造りは松井さん以上に伝統的なスタイルを守っています。県北は軟水が多いですね。逆に**第一酒造**がある佐野市や、**杉田酒造**などがある小山市など県南は硬めです

渡邊佐平商店（日光市）は純米系専門の蔵で、クラシックスタイルのお酒です。**せんきん**（さくら市）で酒造りをしていた新しい杜氏が来て、せんきんで鍛えた技術をぞんぶんに発揮しています。日光なのでやはり湯波に合わせるといいのでは。揚げ湯波や、燗酒には巻き湯波など。日本酒は基本的に、その土地のものが絶対的に合います。**片山酒造**(日光市)は蔵元直販が特徴で、量販店にはほとんど出回っていないのでは。搾りは伝統的な槽を使った佐瀬式にこだわっています。槽で搾ると時間が多少かかるのですが、ガスがほどよく抜けて優しい、柔らかい味わいになります。

栃木県の地酒の特徴は、県全体でこれというスタイルがあるのではなく、それぞれの蔵が個性を出しているイメージですね。下野杜氏の制度が始まってからは各蔵で情報が共有されているし、先輩、後輩の縦のつながりや、同年代の横のつながりがそれぞれ密で仲がいい。例えば渡邉酒造は積極的にほかの蔵に技術を教えたりしていますし。世代を超えた協力関係で技術が発展していく。馴れ合いではなく、教え合い、切磋琢磨していくということなのでしょう。

目加田酒店　宇都宮市

店主　目加田 功士さん

四季桜で知られる**宇都宮酒造**（宇都宮市）は柔らかく、優しい甘みを伴った、ほっとするような味の酒が多いと思います。以前に比べると酒質的にはやや辛口に振れていると思います。献上米で全国的に有名となった「とちぎの星」を使った酒や、栃木県が開発したオリジナルの酒米「夢ささら」を使った酒もあります。とちぎの星は以前から使っていたのですが、献上米になってからの人気はすごかったです。杜氏は今井昌平さんが長く務めていますが、6、7年前から覚醒したようにお酒の造りが一段と進化しました。それまでも評価の高かった酒質に、さらに磨きがかかりました。宇都宮酒造の酒は普通酒も、吟醸、純米系も燗上がりが良く、寄り添うような柔らかみのある燗なので料理にも合わせやすく、特に刺身や魚料理は合うと思います。

虎屋本店（宇都宮市）は県内の蔵でも造りは小さい方ですが、アイテムごとにそのコンセプトが感じられるお酒がいいです。昔からのアルコール添加系の菊と、純米系の七水があります。もともとは越後杜氏系の透明感のあるスッキリとしたきれいな酒が特徴でした。現杜氏の天満屋徳さんは先代の越後杜氏に教わった後に南部杜氏流も学び、越後と南部のいい所をうまくミックスして、それを自分流にアレンジしています。「一杯でほほ笑んでもらえるような味の酒」がコンセプトだそうです。酒質はそれぞれに個性があり、バラエティーに富み、一言で表現するのは難しいですが、酒米の特徴を最大限に生かした米の旨味を出したお酒になります。日本醸造協会酵母も使いますが、中心は栃木県産酵母ですね。以前の菊の時代とはだいぶ変わりました。酒質のバラエティーさから中華に合うもの、和食、洋食に合うものまでさまざまあります。

澤姫の**井上清吉商店**（宇都宮市）が一躍有名になったのはやっぱり「2010年のＩＷＣのチャ

ンピオン」獲得です。栃木県では最初に「地酒とは何か」という命題に取り組んで、オール地元で造る「真・地酒宣言」シリーズを発売しました。地元の米、地元の酵母、地元の水そして地元の下野杜氏ということでやっています。旨味を伴った、やや辛口のお酒で、食中に飲むならこれだと感じさせるお酒だと思います。柔らかい酒質に山廃、生酛を持ってくることで、味の乗ったお酒に仕上げています。個人的には焼き魚とか、煮物とかが合うような気がします。生酛系はクリーミーな料理、山廃系は肉料理とも楽しめます。「徹底した食中酒」という意味では、一本筋を通しています。

辻善兵衛商店(真岡市)は、商品としては主に辻善兵衛と桜川があります。社長の辻寛之さんは、鬼怒川水系の水を生かした、小さな蔵でしかできない、ほっとするようなお酒を目指しているとおっしゃっていました。酒米は夢ささら、五百万石といった県内産の米が中心で、優しい、寄り添うような味です。やや甘みを伴い、飲んだ後はきりっと締まる、ふくらみのある柔らかい味ですね。家庭料理が合いそうなイメージです。毎日の晩酌みたいに、肩肘張らずに飲めるような酒です。

惣誉酒造(市貝町)と言えば、やはり「生酛」です。味の特徴は飲み飽きしない、辛口の酒です。燗をしても旨いし、和食はもちろん、洋食、中華にも合います。県内の酒では一番、中華に合うかもしれません。酒にとって一番大きく左右するのは仕込み水なのですが、栃木県のようにこれだけ水系がバラエティーに富む県もなかなかないと思います。惣誉のような鬼怒川伏流水系は柔らかい、優しい酒になります。四季桜や辻善兵衛もそうです。渡良瀬川伏流水系は地質の関係もあり、石灰質などミネラル分が強いので発酵が旺盛になり、凝縮感のある硬い酒になります。昔からの灘(兵庫県)の酒も六甲山水系「宮水」があり、ミネラル分が多く厚みのある硬い辛口酒となり全国的に人気がありました。那珂川伏流水系はその中間できれいな水系です。惣誉は圧倒

目加田酒店
住　　所／宇都宮市一番町２－３
電　　話／028・636・4433
営業時間／午前９時～午後８時
定 休 日／日曜、祝日（祝日が土曜の場合は営業）

的に地元で愛されている蔵です。ここ十数年で全国展開も始めましたが、これだけ地元に支持される酒は全国でも珍しいです。酒米は兵庫県特A地区の山田錦にこだわっています。山田錦が支持される一番の理由は、米の持つポテンシャルが高いので、杜氏さんに言わせると造りやすいということです。あとは熟成向きの酒米です。反対に美山錦や五百万石は米の持つ特性から、熟成にはあまり向きません。惣誉の生酛は熟成をかけるので、山田錦が適していると思います。惣誉は生酛で純米大吟醸まで造っており、生酛系の酒は燗上がりが良く、純米大吟醸でも美味しいです。なお、惣誉では地元杜氏の秋田徹さんが、第91回関東信越国税局酒類鑑評会にて純米吟醸の部と大吟醸の部の2部門で同時に最優秀賞を受賞しました。これは大変に名誉なことだと思います。

外池酒造店（益子町）は酒蔵見学ができる蔵です。燦爛は昔から持つ酒の名称で、普通酒から鑑評会出品酒まで造っています。別ブランドの望（ぼう）は全国を見据えたコンセプトで始まりました。当店は望を中心に販売していますが、すごく伸びています。杜氏の小野誠さんは造りの感性が良く、数々のコンテストで上位に入賞しています。杜氏は自分の思ったイメージの酒を造る職人技といわれる技術的な部分と、それを表現する芸術家的な部分があると思います。小野杜氏はそのあたりのバランスが良いです。望には10種類ありますが1本1本、コンセプトも酒質も違います。バラエティーという意味では一番幅があります。虎屋本店の「七水」に似ている部分があるかもしれません。望は定番の超辛純米があるのですが、魚料理は焼き魚から刺身まで全般に合うと思います。生酛純米は複雑な厚みがあり、中華とか味の濃厚な料理にも合います。

人気銘柄の仙禽を造る**せんきん**（さくら市）はオーガニックとテロワールを中心に、全国に発信している蔵です。絹のような甘みとまろやかな酸味という、他にない酒質で全国展開を目指してきました。その努力もあり今では全国的な銘柄になりました。社長の薄井一樹さん自身がソムリエ資格をもつ方だったので、酸の旨さみたいなものに本人が気づいていたと思います。

そこからワインで言うところのテロワールへのこだわりがあります。地元の風土・水・米・蔵にこだわっています。主力商品の仙禽はクラシックとモダンがあります。クラシックはいわゆるイソアミル系の酵母で、控えめの香と酸味の持つ旨味を出しています。モダンは高貴な香りを前面に出すカプロン系の酵母で、柔らかな酸と旨味を出します。生酛の特長は山廃とは違い上質で奥行きのある旨味があるように感じられます。ワインも複雑な余韻がたくさん残るものが高級だとされていますし、薄井さんはその辺を狙っていると個人的には思います。仙禽はバターとかクリーム系の洋食に合いますね。もちろん和食・中華にも合うと思います。

増田屋本店

壬生町　店主　**増田 信義**さん

私が3代目で、自分の代から地酒専門店になりました。きっかけはディスカウントストアや異業種からの大手の参入が増え、このままでは太刀打ちできなくなると考え、専門店なら大手にも勝てるだろうということで、約30年前に転換しました。当時は新潟の淡麗辛口がブームでしたが、自分はあまり日本酒を飲んでいませんでした。それが25年ほど前、十四代（高木酒造、山形県）と出会って人生が変わりました。自分の求めている酒でした。芳醇な果実味のある酒。これで時代が変わるなと思いました。かつては季節労働者の杜氏が酒を造る時代でしたが、蔵元自身が酒を造る時代が来ました。それまで酒を造らなかった蔵元が前面に出るようになって、酒蔵の個性が出るようになりました。

十四代の登場で「蔵元が酒を造っていい」という認識に変わりました。その第一人者が県内では鳳凰美田の**小林酒造**（小山市）でした。香りが高く、バランスがよく、何杯でも飲めるお

増田屋本店
住　　所／壬生町壬生乙２４７２－８
電　　話／０２８２・８２・０１６１
営業時間／月曜～土曜　午前１０時～午後７時
　　　　　日曜　　　　午前１０時～午後６時
定 休 日／なし　GW、お盆、正月は休業

酒として、女性にも人気になりました。今は栃木の日本酒では鳳凰美田と仙禽が人気の二大ブランドですが、それぞれアプローチが違います。十四代と同系統の鳳凰美田に対し、仙禽は木桶を使って醸造する新政（新政酒造、秋田県）の系統です。鳳凰美田と仙禽は造り方が違うし、酵母によっても違います。このほか、うちで扱っているお酒だと、女性の相良沙奈恵さんが製造責任者を務める**相良酒造**（栃木市）の朝日榮は華やかではないが、落ち着いたきれいなお酒。一方で姿、杉並木の**飯沼銘醸**（栃木市）は華やかなお酒を造らせれば天下一品です。若駒の**若駒酒造**（小山市）は小さい蔵ですが、ポリシーを持った酒造りに定評があります。**富川酒造店**（矢板市）が造る忠愛は人気上昇中の銘柄で、誰もが分かりやすい果実味のある味わいが特徴です。

栃木の酒は味、技術ともレベルが高く、ここ20年、北関東ではナンバーワンです。県北、県央、県南という地域性よりも、造り手の技量や酵母、酒米で大きく変わります。味の差に一番影響のある要素は酵母です。仕込みは速醸系と、生酛・山廃系に分類されます。昔は生酛といえばパンチがある、重たいお酒で飲みにくかった。それを現代風に飲みやすくしたのが新政や仙禽です。速醸系はフルーティーで果実味があるお酒になります。どっちがいいとか悪いではなく、いろんなお酒があるのが日本酒の面白さだと思います。

今ある全ての栃木の酒蔵がこの先も生き残っていくため、増田屋として何ができるかがが重要だと思っています。きれいごとではなく、それぞれの蔵とどう関わっていくか。売るために何ができるか。われわれ酒販店と酒蔵がタッグを組んで、相乗効果が図れればいいと考えています。一方で造るのは酒蔵の仕事ですが、酒蔵側もそれぞれの魅力、ブランドイメージを伝えるための努力が必要です。昔はテレビに出たり、雑誌に載ったもの勝ちのようなところもありましたが、今はインターネット、フェイスブックなど、どの酒蔵も平等に情報発信ができる時代になっています。積極的に活用してほしいですね。

一から分かる日本酒用語集

酒造好適米

日本酒造りに適した米。心白と呼ばれる中心部が大きいことや、雑味の原因となるタンパク質や脂質が少ない、水分量が少ないなどの特長がある。代表的な酒造好適米には山田錦、五百万石などがある。

夢ささら

栃木県農業試験場が開発した本県オリジナル品種の酒造好適米。2018年に本格栽培が始まり、同年末から夢ささらを使った日本酒が出荷されている。山田錦と、病気に強い「T酒25」を掛け合わせた。心白が大きく吟醸造りに向いているのに加え、山田錦に比べ倒伏しにくく、イネ縞葉枯れ病に対する抵抗性が高いなどの特性を持つ。

日本酒度

日本酒に含まれる糖分の割合を示す数値。糖分が多いとマイナス、少ないとプラスで表記される。一般的に日本酒度がマイナスになるほど甘く、プラスになるほど辛く感じるとされている。ただし日本酒に含まれる酸の量を示す酸度によっても味わいが変化するため、この限りではない。一般的には酸度が高いと辛く、低いと甘く感じるとされている。

酵 母

酵母が米に含まれる糖分を食べることで、アルコールが発生する。使用する酵母によって、香りや酸などの酒質が変わってくる。日本醸造協会が開発、販売する協会系酵母のほか、各自治体などが独自に開発した酵母、古くからの酒蔵に住み着いている蔵付き酵母などがある。栃木県の場合、県産業技術センターの主導で開発した県産酵母がある。

上槽《じょうそう》

発酵の終わった醪（もろみ）を布やナイロン製の酒袋に詰め、搾る。上槽には機械で圧搾する薮田式、槽（ふね）と呼ばれる箱に袋を敷き詰め上から圧力をかける伝統的な佐瀬式、圧力をかけず吊るした袋から自然に落ちた酒を集める袋吊るしなどがある。佐瀬式や袋吊るしは手間と時間がかかるため、栃木県内でも多くの酒蔵が薮田式を採用している。

生酛《きもと》

昔ながらの製法で、酒母を造る際、櫂（かい）で米をすりつぶす作業（山卸し）をすることで乳酸菌を取り込み、酒造りに不要な菌を死滅させる。重労働の山卸しの工程を省略するなどしたものを山廃酛と呼ぶ。

速醸酛《そくじょうもと》

酒母を造る際、醸造用乳酸を加える。明治末期に考案された。山卸しの工程がなくなるのに加え、酒母造りに要する時間が生酛、山廃酛の約1カ月に対し、速醸酛は約2週間に短縮されるため、現在は酒造りの主流となっている。

新　酒

酒造年度（7月～翌年6月）内に製造、出荷された酒。酒造年度を過ぎると古酒となる。

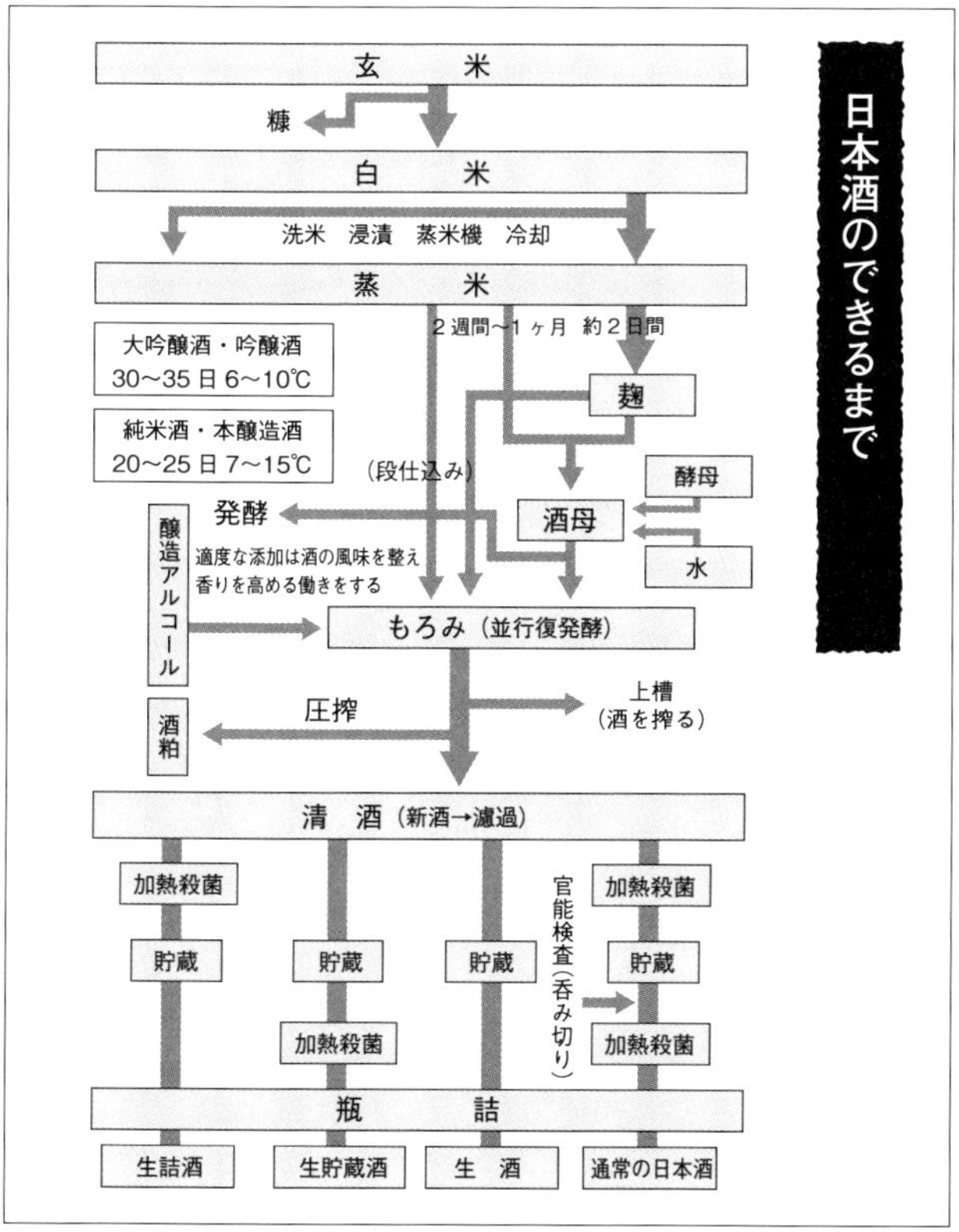

生　酒《なまざけ》

醪を搾った後、火入れをせずに出荷する酒。フレッシュさが特長。

生貯蔵酒

搾りたての酒をそのまま低温で貯蔵し、瓶詰め前に一度だけ火入れをする酒。

生詰め酒

貯蔵前のみに火入れをする酒。

原　酒

搾った酒に、水を加えず出荷する。アルコール度数は高めで、濃醇な味わいとなる。

ひやおろし

春までに製造された酒を一度火入れした後、貯蔵し、秋に出荷したもの。冷や（常温）の状態で卸すことから、ひやおろしと呼ばれる。程よく熟成されることで、まろやかな味わいとなる。

日本酒の分類

日本酒は米と米麹のみで造った純米酒、白米の重量に対し１０％までの醸造アルコールを加えた本醸造酒など特定名称酒と、それ以外の普通酒に分けられる。特定名称酒は白米の重量に対する麹米の使用割合が１５％以上であることも条件となる。特定名称酒の中でも原料や精米歩合によって純米大吟醸酒、純米吟醸酒、特別純米酒、純米酒、大吟醸酒、吟醸酒、特別本醸造酒、本醸造酒に分けられる。

精米歩合

白米（玄米からぬか、胚芽など外側を削った状態）のその玄米に対する重量の割合を表す。精米歩合６０％の米は外側を４０％削ったことになる。削った割合が高くなるほど雑味が除かれ、香り高い酒になるとされている。吟醸酒は精米歩合６０％以下、大吟醸酒は精米歩合５０％以下と定められている。

特定名称酒の表示基準

吟醸酒	使用原料	精米歩合	麹米使用割合
	米、米麹、醸造アルコール	６０％以下	１５％以上
	香味等の要件	吟醸造り、固有の香味、色沢が良好	

大吟醸酒	使用原料	精米歩合	麹米使用割合
	米、米麹、醸造アルコール	５０％以下	１５％以上
	香味等の要件	吟醸造り、固有の香味、色沢が特に良好	

純米酒	使用原料	精米歩合	麹米使用割合
	米、米麹	規定なし	１５％以上
	香味等の要件	香味、色沢が良好	

純米吟醸酒	使用原料	精米歩合	麹米使用割合
	米、米麹	６０％以下	１５％以上
	香味等の要件	吟醸造り、固有の香味、色沢が良好	

純米大吟醸酒	使用原料	精米歩合	麹米使用割合
	米、米麹	５０％以下	１５％以上
	香味等の要件	吟醸造り、固有の香味、色沢が特に良好	

特別純米酒	使用原料	精米歩合	麹米使用割合
	米、米麹	６０％以下または特別な製造方法（要説明表示）	１５％以上
	香味等の要件	香味、色沢が特に良好	

本醸造酒	使用原料	精米歩合	麹米使用割合
	米、米麹、醸造アルコール	７０％以下	１５％以上
	香味等の要件	香味、色沢が良好	

特別本醸造酒	使用原料	精米歩合	麹米使用割合
	米、米麹、醸造アルコール	６０％以下または特別な製造方法（要説明表示）	１５％以上
	香味等の要件	香味、色沢が特に良好	

とちぎ酒蔵探訪　県央編

●宇都宮酒造（宇都宮市）　72
●井上清吉商店（宇都宮市）　76
●虎屋本店（宇都宮市）　80
●惣誉酒造（市貝町）　84
●辻善兵衛商店（真岡市）　88
●外池酒造店（益子町）　92

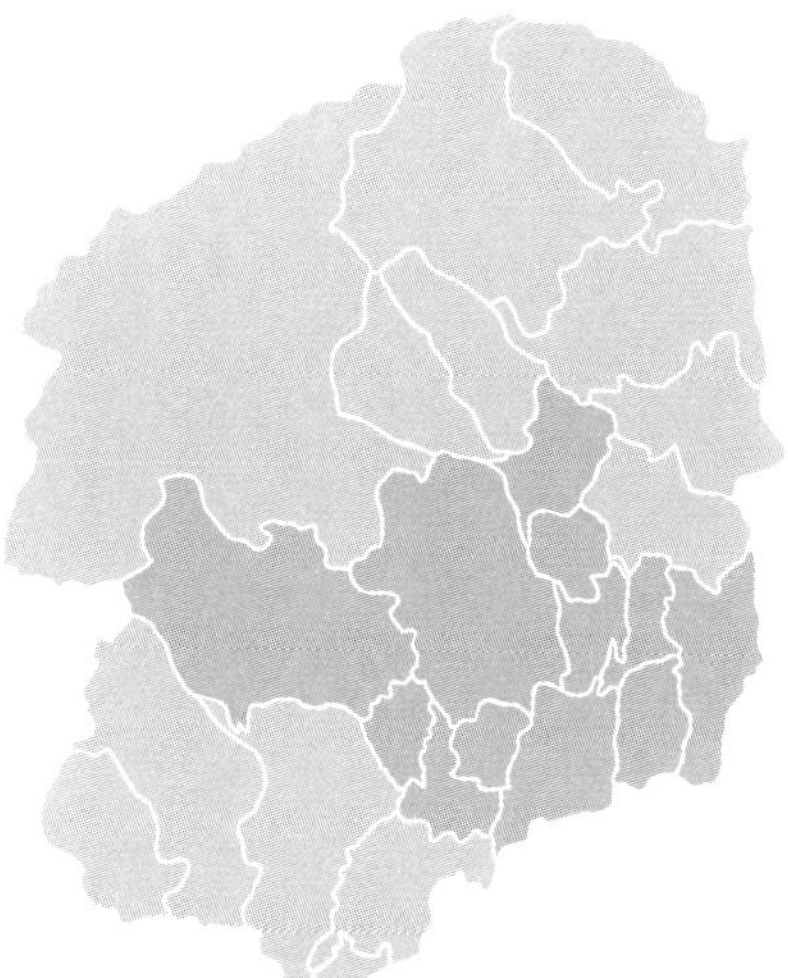

宇都宮酒造

宇都宮市

天地の恵みに感謝し人の和で醸す

桜

ファンの集いが40周年迎える

ＪＲ宇都宮駅から車で東に約20分、田畑に囲まれた鬼怒川沿いに「四季桜」の蔵はある。１８７１（明治４）年の創業当初は「四季の友」と銘していたが、古人が詠んだ「酒なくして何のおのれが桜かな」に題を発し、２代目・今井幸平が「月雪の友は他になし四季桜」と詠んだことから現在の酒銘になったという。酒造りに命を燃やし、45歳の若さで急逝した４代目・

源一郎さんが残した言葉「たとえ小さな盃の中の酒でも、造る人の心がこもっているならば味わいは無限」をモットーに、県内外に根強いファンが多い「四季桜」を醸し続けている。

同社のファンの集いとして１９８０年に始まった「四季桜を愛する会」は、２０２０年に節目の40周年を迎えた。コロナ禍の影響で集まりは中止になったものの、２００５年から6代目として経営を担う菊地正幸さんは「長らくのご愛顧と、四季桜を『飲む会』ではなく、『愛する会』と名付けていただいたことにも大変感謝しています。お酒を通して人の和がもっと広がるように、私たちも努力して良い酒、感動していただける酒を造っていかなければならないと気を引き締めています」と話す。

同社は「良い酒を造るにはまず米作りから」と１９７２年、県内の酒蔵に先駆け、90アールの自社田で酒造好適米の「五百万石」造りを開始。95年からは地元柳田町の契約農家と「柳田酒米研究会」を組織し、五百万石の先進県にも劣らない酒米づくりに取り組んでいる。「おいしいコシヒカリを作っている農家の方々に酒米を作っていただくことは私たちの大きな励みであり、いい意味でのプレッシャーもいただいています」と菊地さん。この取り組みをさらに進め、２０１８年からは宇都宮白楊高校の生徒が作った米でも酒造りをしており、「バラエティに富んだお米を使いながらお客さまに喜んでいただけるお酒を醸し続けたいと思っています」と力を込める。ほかに、酒米として名高い兵庫県産山田錦、新潟県産五百万石なども使用。精米を外注している蔵が多い中、自社設備のコンピューター精米機を使っているのも「玄米をどう磨けばうまい酒になるか、から酒造りが始まる」という同社の強いこだわりだ。

酒蔵の最高責任者である杜氏を務めるのは、４代目・源一郎さんを父に持ち、「下野杜氏」「南部杜氏」でもある専務の今井昌平さん。酒造り本番の冬場には蔵人８人体制で臨み、年間約１１００石を生産している。菊地さんは「販売先の約85％が県内です。地元中心の姿勢は変わりませんが、県外でもまだまだ伸びしろはあると考えています」と説明する。

栃木県なら飲みたい酒が見つかる

同社の「四季桜」は、鬼怒川の伏流水を仕込み水に山田錦、五百万石、美山錦などの米を原料とし、芳香豊かで口当たりのやさしさ、キレの良さとほのかな甘みを特徴とする。ラインアップは季節限定品を含めて約30種類と幅広く、大吟醸酒「万葉聖」は２００７年、世界最大規模のワイン品評会「インターナショナル・ワイン・チャレンジ（ＩＷＣ）」に新設された「ＳＡＫＥ」部門の吟醸酒・大吟醸酒の部で初代金賞を獲得したほか、17年のＩＷＣ大吟醸酒の部でも金賞を受賞。杜氏の名前を冠した純米大吟醸酒「今井昌平」は20年の全国燗酒コンテストのプレミアム燗酒部門で金賞、「山田錦大吟醸」は全国新酒鑑評会で６年連続金賞を受賞するなど、輝かしい実績を誇る酒がずらりと並ぶ。このほか、19年

住　所／宇都宮市柳田町２４８
電　話／028・661・0880
代表者／菊地正幸
創　業／１８７１（明治４）年

の大嘗祭で使われた栃木県産オリジナル米で醸した純米酒「とちぎの星」や、黄色のフナで疫病が治ったという伝説を銘柄にし、コロナ禍の中で再注目された特別本醸造、特別純米酒の「黄ぶな」など、話題となった酒も数多い。

杜氏の今井さんは「うちのお酒は、お米の味をしっかりと出すようにしていますので、冷やしても燗にしてもおいしいですよ。香りが華やかなお酒は、お刺身などと相性が良く、純米酒のような味が濃いお酒、酸味がしっかりしたお酒は、肉やうなぎのかば焼きなどの濃い味と合わせても面白いと思います」と自信を示す。

２０１５年から４年間、栃木県酒造組合の会長を務めた菊地さんは、19年から日本酒造組合中央会理事・関東信越支部長として日本酒の普及に尽力している。最近の栃木県の酒蔵について「若い下野杜氏たちが新たな技術で酒造りをしている中で、個性豊かなお酒も登場しています。栃木県に来れば飲みたいお酒が必ず見つかるという状況になっていると思います」と笑顔で語る。

「日本酒は、天（天候）と地（米質）の恵みに感謝し、人の和で醸すものです。おいしい料理とおいしいお酒が出合うと互いに引き立てあい食生活が豊かで楽しくなります。また、お酒を通して新しい絆や強い絆が生まれますし、適量のお酒は健康の源でもあり、悲しみを癒やして喜びを倍増する力があると信じています。コロナ禍で大変な状況ですが、お酒を飲まれる方が楽しく豊かな人生を過ごすためのお手伝いができればと考えながら醸しています」

井上清吉商店

宇都宮市

後味の軽さにこだわる「真・地酒」

澤

地域に愛される酒を

奥州街道最初の宿場町「白沢宿」。水路が街中をめぐり、今も水車が回る水のまちとして知られ、宇都宮市の景観形成重点地区として知られる。水が豊かなこの土地で、明治元年から手造りの味を守り続けているのが「澤姫」の銘柄で知られる井上清吉商店だ。

「創業が明治元年というと歴史が古いように思われますが、我々の業界ではまだまだ若い方です」と井上裕史社長は笑う。もともとは江戸時代に宇都宮市内で荒物屋を営んでいたが、明治維新の時、戊辰戦争で店が全焼し、酒造業に転身したという。「澤姫」という銘柄は地元の地名「白澤」の「澤」の字と、愛される象徴である「姫」の字を合わせて命名されたという。そこには「地域に愛される酒を造りたい」という願いが込められている。商号の「井上清吉商店」は2代目の名前から取った。井上社長は5代目になる。

井上社長は幼いころから酒蔵の仕事に興味はあった。「酒蔵は家の中にある秘密の場所という印象でした。二歳の頃から南部杜氏で、私の酒造りの師匠小田中良夫杜氏が来てくれていました。杜氏の仕事を見ていたのが、今思えば酒造りを志すきっかけだったのかもしれません」。宇都宮高時代はラグビー部で体を鍛えた。東京農業大醸造学科を卒業後、生家である井上清吉商店で酒造りの修行を始めた。25歳から杜氏代行を務め、29歳の時、岩手県外出身者としては最年少（当時）で南部杜氏資格試験に合格し、澤姫の杜氏となった。２００６年には第1期下野杜氏にもなり、13年に社長に就任した。「杜氏の立場は若手の佐藤全に譲りましたが、私も経営の傍ら、杜氏と二人三脚で現場での酒造りをしています」

１００％栃木県産米にこだわる。目先のトレンドに流されず、栃木県産の厳選素材を下野杜氏が醸す――。そのコンセプトを「真・地酒宣言」と名付けた。10年には世界最大級の国際酒類品評会「インターナショナル・ワイン・チャレンジ（ＩＷＣ）」のＳＡＫＥ部門で、県産米で醸した「澤姫　大吟醸　真・地酒宣言」が最高賞の「チャンピオン・サケ」に輝いた。

「それまでは兵庫県産の山田錦という米でないと各種品評会で入賞できないといわれていましたが、ひとごこちという栃木県産米、栃木の水で造った酒が最高賞に輝きました。業界でも衝撃を持って受け止められました」と振り返る。

「地酒王国とちぎ」への挑戦

「普通酒から大吟醸まで原料米は04年から100％栃木県産米です」。井上社長はこう言い切る。この方針に切り替えた当初は同業者や関係者から「難しいからやめたほうがいい」と言われたという。「でも我々は栃木の地酒を造っているわけです。栃木県外のお客さんが『これは最高の栃木の酒だ』と言われる酒を造りたい。生産農家さんや観光業、地産地消にこだわる料飲店さんなど、栃木の米で酒を造ればハッピーになる人はいっぱいいる」

「後味の軽さ」にこだわる。「料理の味を膨らませて、さっと消し去る食べた後の軽さにこだわっています。リフレッシュした後にもう一口飲みたいといわれるような酒ですね」。その上で地元食材を使った料理と合わせられる酒造りも目指す。「酸味がある酒が食事に合うと良く言われますが、私はそうは思いません。時代とともに日本酒の味わいは変化しています。かつては淡麗辛口、そして濃厚芳醇、最近では甘口の傾向が強まっています。何かしらの強烈さがあるニューウエーブ系の日本酒も目立ちますよね」

住　所／宇都宮市白沢町1901－1
電　話／028・673・2350
代表者／井上裕史
創　業／1868（明治元）年

澤姫は「後味の軽さ」という不変のこだわりを踏まえた上で、甘口、辛口、淡麗、芳醇、さまざまなタイプの酒を用意する。「『澤姫のお酒は甘口ですか？辛口ですか？』とお客さんから質問をよくいただきますが、同じタイプの味はひとつとして存在しません。こだわっているのは『後味の軽さ』です。冷やでも燗でも決して飲み飽きず、盃を重ねるごとに魅力が高まる。そんなお酒が澤姫の理想形です」

20年7月。宇都宮市白沢町の本社アンテナショップに試飲用の全自動サーバー4台を設置した。新型コロナウイルス感染症の影響で日本酒の需要落ち込みを想定し、酒蔵の魅力を高める狙いがある。サーバーは窒素ガスによる酸化防止機能と冷蔵機能を備え、試飲酒が常にフレッシュな状態をキープできるようになっている。感染症対策で、足踏み式の手指用消毒台も設置した。「ボタン一つで16種類が試飲できるサーバーを設置したことで東京のテレビ局からも取材を受けました」と話す。

「新型コロナウイルスによって生活様式が大きく変わりました。こういう時代、ネット販売を強化するべきという意見が多いですが、私はそれには懐疑的です。酒の販売は免許が伴う仕事である以上、対面販売が基本だと思います。酒販店さんとともに共存する道を模索しないといけません。そんな状況で安全な試飲などで多くの人に品質を知ってもらうことが重要なんだと思います」。苦難の時代だからこそ信頼関係が必要という。その信頼関係を軸に地酒王国とちぎを確立するべく、挑戦を続けていく。

虎屋本店

宇都宮市

チャレンジ精神を欠かさず

米の旨味、甘みを生かす

宇都宮市の大通りからほど近い、裏通りに面した場所にたたずむ大谷石造りの建物。周辺にはホテルや商業ビルなどが立ち並ぶ中心市街地だ。ここで江戸時代から酒造りを続けているのが虎屋本店だ。営業部長の小堀敦さんは「これほど市街地のど真ん中でやっている酒蔵は今は珍しいと思います」と話す。

虎

年間３００石程度の小規模な酒蔵だが、近年は甘みと旨味、酸味のバランスに秀でた純米酒系の「七水」シリーズが好評で、県外にも知られる実力蔵になりつつある。小堀さんは「掲げているコンセプトは『心躍る酒』と『Ｃｈａｌｌｅｎｇｅ＆Ｃｈａｎｇｅ』。チャレンジ精神で、常に進化する日本酒を造ろうという思いでやっています。味については『飲み飽きしないお酒』ということを常に意識しています」と力を込める。ちなみに七水とは創業当時、宇都宮には七つの名水があり、その一つを使って仕込みを始めたことに由来している。

七水シリーズの看板商品となっているのが「純米吟醸55雄町」だ。10年ほど前から酒米や酵母を変えながら試行錯誤し、現在は雄町を精米歩合55％に磨き、県産酵母を使用している。「雄町は比較的しっかり味が出るお米。飲みづらくならないよう、香りと甘みのバランスを取り、味わいを残しつつ、後味もきれいなお酒に仕上げています」。こう説明するのは杜氏の天満屋徳さん。ものづくりへの憧れから、２００３年に食品業界から蔵人に転身し。同社の前杜氏から一から酒造りを学び、現在は杜氏として七水シリーズを一手に担う。杜氏になりたてのころは先代の越後杜氏の味を引き継ぎ、淡麗辛口の酒を造っていたが、ほかの南部杜氏などとも交流をかさねるうちに、考えに変化が生じたという。「これからはもっと米の旨味、甘みを生かした酒のほうがいいのではと思うようになりました」と振り返る。酒質転換は成功し、販売も伸びていった。

同社では毎年、酒造りのシーズン前に全社員が参加する醸造会議を行う。定番商品のほか、その年の限定商品について、使用する酒米と酵母の組み合わせなど綿密に議論を重ねる。限定商品の中から定番商品へとステップアップするものもある。ここ数年は特に、いろいろな酒米を試すことに力点を置いているという。小堀さんは「定番の雄町や山田錦、県オリジナル品種の夢ささらは今後も使っていくが、ほかにもいい酒米、特徴のある酒米がたくさんある。積極的に取り入れていきたい」と意欲的だ。天満屋さんも「珍しい米、ほかの酒蔵がまだ使っていないような米は気になりますね。差別化をすることで、注目もされると思うので」と話す。

不確定要素も酒の奥深さ

「純米吟醸55雄町」に並ぶような、新たな看板商品の確立も今後の目標だ。ただ酒米と酵母の組み合わせや、醸造直後と熟成後の味の変化など不確定要素も多いところが難しさでもあり、奥深さでもあるという。天満屋さんは「できたばかりのときは自分としてはそれほど気に入った出来ではなかったが、半年くらい熟成して販売する時期になったら味が全く変わっていていい酒になったという商品もありました」と打ち明ける。これまではどちらかというと甘口系の商品が多かったので、今後は辛口系の商品を増やしていきたいという。

住　所／宇都宮市本町４－１２
電　話／０２８・６２２・８２２３
代表者／松井保夫
創　業／１７８８（天明8）年

現在の七水シリーズのラインアップは定番、季節限定を含め15種類程度。このほか昔から地元で親しまれているアル添系の「菊」がある。タンク数の関係で上限はあるが、今後も積極的に新商品開発に力を入れる方針だ。５年ほど前からは生酛造りや山廃造りにもチャレンジしている。

最近は各種コンテストへの出品も積極的に行っている。以前は栃木県の鑑評会に出品する程度だったが、16年にインターナショナル・ワイン・チャレンジ（ＩＷＣ）の日本酒部門でトロフィーを獲得したことを契機に、ＩＷＣには毎年出品。国内最大級の市販日本酒品評会の「ＳＡＫＥ　ＣＯＭＰＥＴＩＴＩＯＮ」にも出品し、19年は純米吟醸部門で「純米吟醸55雄町」が全体の４位となった。

業界の製造技術は年々進歩しており、現在の日本酒のレベルはかつてないほどに高くなっている。競争が厳しくなる中、小堀さんは「これからは定番酒を飲むという時代ではなくなってくるのでは」と見通す。その上で「今回はこの日本酒、次はこの日本酒というような。造り手としては大変ですが、そのローテーションの中にうちの酒が入っていけるようにならないと、これからの伸びは見込めないと思います。そのためにも多品種対応は欠かせません」と強調する。天満屋さんも思いは同じだ。「まだまだ試していない酒米、酵母があると思うので、今までになかった新しい味わいのお酒を造りたいですね」。そのチャレンジ精神はまだまだ尽きることがない。

惣誉酒造

市貝町

「栃木で愛される酒」の原点忘れず

飲み飽きしない、飲み疲れしない酒

宇都宮市の中心部から東に約20㎞。国道１２３号から県道に入った、小貝川のほど近くにあるのが市貝町の惣誉酒造だ。県内では規模の大きい酒蔵の一つだが、その８割以上が県内で流通する、まさに「栃木の地酒」の代表格だ。２０２０年の関東信越国税局酒類鑑評会では吟醸酒、純米吟醸酒の２部門で最上位１社に贈られる最優秀賞を受賞する快挙を

達成した。

「私どもがお客さまに味わっていただきたいのは、『飲み飽きしない、飲み疲れしないお酒』ということですね」。こう話すのは河野遵社長の長男で、17年から同社で酒造りに取り組む専務の河野道大さん。確かに派手さはないが、食中酒として、いつまでも飲み続けたくなるような味わいだ。

同社の大きな特徴が、01年に製造を復活させた、伝統的な生酛造りへのこだわりだ。それまでは山廃造りを行っていたが、一度、山廃と生酛の両方をやってみようと、社長と当時の製造担当者らが取り組んだ。実際に造ったところ、山廃よりも複雑で厚みのある味わいに仕上がり、それ以降、生酛を商品の柱に据えるようになった。重厚な味わいに加え、劣化しにくく、熟成に向くことが生酛の長所だという。「われわれも近年、輸出に力を入れていますが、劣化しにくく熟成に向く酒質は、海外でも惣誉のお酒本来の味を楽しんでいただくのに適していると考えています」と強調する。

また同社では生酛造りの際、複数年度の原酒をブレンドする、調合と呼ばれる工程に力を入れている。その目的は味のブレをなくす均一性の担保と、製品の完成度の向上だ。「お客さまに常に満足いただける酒質を提供できるよう、『惣誉の味』というものを守り、進化させていきたいと思っています」

そして味を支えるもう一つのこだわりが酒米だ。酒米の王様とも言われる山田錦だが、同社では兵庫県の特A地区産の山田錦にこだわって使用している。東日本の酒蔵ではトップクラスの使用量で、純米大吟醸、純米吟醸といった高スペック酒だけでなく、日常の晩酌で愛される本醸造酒、普通酒でも使用する力の入れようだ。「山田錦はふくらみのある、優しいお酒に仕上がるのが特徴。われわれの目指す、飲み飽きしないお酒にも合っていると思います」と説明する。

生酛とワインの親和性

地元での流通が大半を占める惣誉だが、10年ほど前から輸出にも目を向けている。現在は最も多いのが米国向けで、次いで香港、イギリス、その他はアジア、欧州に幅広く輸出している。「海外といっても地域によって嗜好が違います。米国や欧州の方々は自分の舌でしっかり味わってお酒を選びたいという人が、ほかの地域に比べて多い印象です」と語る。味の複雑性を楽しむワイン文化と、生酛造りの惣誉との親和性も感じるという。

道大さんは大手企業での営業職を辞め酒蔵に入る直前、半年間、フランス・ブルゴーニュのワイナリーでワインづくりを学んだ経験を持つ。以前、惣誉酒造で働いていたフランス人男性がこのワイナリーに婿入りしていたことが縁だった。「日本酒造りを始める前に、ほ

住　所／市貝町上根539
電　話／0285・68・1141
代表者／河野　遵
創　業／1872（明治5）年

かのお酒のことも知っておきたいという思いからでした。今の自分の仕事に直接役立っているというわけではないのですが、酒造りに対してある程度、俯瞰的な見方ができるようになったのかなと思います」と話す。

以前に比べ県外での販売や輸出も増えてきたが、それでも変わらない姿勢が「栃木県民に愛される酒」だ。「市場の大きい都内や海外で売れてほしいという気持ちもありますが、やはり栃木にあってこその惣誉だと思います。流行を知った上で今の酒質に生かすことも大事ですが、そればかりを追い求めてしまうと蔵としての立ち位置が見えなくなってしまうと思うので」と見通す。

今後の事業展開についても「今一度、栃木の皆様に愛されるのはどのような日本酒なのかということを突き詰めていきたい」ときっぱり。その一環として、20年はインスタグラムやツイッターで惣誉を飲む様子を投稿してもらう「#栃木の地酒惣誉」キャンペーンを実施したほか、県内14酒蔵が参加した「つながる地酒プロジェクト」でも主導的な役割を果たした。「少しでも多くの方に日本酒の楽しみを知っていただきたいですね。そのためにもまずは、栃木の惣誉という地酒の立ち位置を意識して頑張っていきたいと思っています」と力強く語る。

辻善兵衛商店

伝統守りつつ次世代の酒造り

真岡市

水の特色生かし麹づくりに注力

鬼怒川水系の豊かな穀倉地帯に位置し、１７５４（宝暦４）年に近江商人である初代辻善兵衛がこの地で創業して以来、２７０年近くにわたって地域に密着した酒造りを脈々と続けている。現在は、「下野杜氏」でもある16代目店主の辻寛之さんが蔵の長い歴史と伝統を守りつつ「小さい蔵だからこそできる手造りの味」を重視しながら新世代の酒を醸し

ている。

「今は激動の時代で先を読むのも難しく、なかなか器用な立ち回りはできません。先祖が代々そうしてきたように、手造りで良い酒を醸してお客さまに喜んでもらうという気持ちで歴史をつないでいきたいと思っています」

誕生から200年以上の歴史を誇る代表銘柄の「桜川」は、柔らかな口当たりと透明感、切れ味の良さが特徴で、全国新酒鑑評会では現在まで6年連続金賞を獲得している。「長い歴史のある桜川ですが、味に大きな変化はないと思います。というのも、酒の味を左右する一番大きな要素が水であり、当社は伝統的に酒蔵の水の特色を生かした酒造りをしていますので。これまで敷地の中の井戸の場所を何回か変えてはいますが、いずれも鬼怒川水系伏流水の軟水で仕込んでいます」と説明する。「軟水らしい酒」の基本を厳守しつつ、米の種類や洗米具合を変えるなどして味に幅を出す工夫をしているという。「今は酒の味が多様化しており、これが絶対というのがないので、当社らしさを出しつつ幅広いタイプの酒を造っています。7種類ある純米吟醸のほか、生酒や火入れに工夫した酒などはフィーリングが随分と変わると思います」。さらに、酒造りで一番苦心する工程に「麹づくり」を挙げ、「麹のつくり方で全然違う酒になりますから麹の水分の管理や発酵時間、種麹の菌の種類などに神経を使っていますし、一般的な麹づくりと異なる管理の仕方をすることで違った価値観の酒を造る取り組みもやっています」と強調する。

若者の入り口となる日本酒を

16年に就任した44歳の若き店主は、歴史と伝統の継承を自覚しつつ、新たな時代に求められる酒造りにも意欲を示す。「お客さまのニーズにこたえられるものを造っていきたい気持ちがあります。例えば、活性にごり酒のようなグラスに注ぐときれいな泡がキラキラと光る酒や、２０１９年からはワイン酵母仕込みのような甘ずっぱくフルーティな味の、今までの日本酒とは全く違うものも造っています。時代の流れに合わせ、あまり固定概念を持たないようにして酒造りしています」

２０１５年に発売した普通酒「プレミアムＳ」も新たな酒造りの一つだ。「次世代の普通酒」を掲げ、品質管理を徹底するなど吟醸酒と変わらない造り方をしているという。「酒本来の味を残しつつ、酵母に香りの高いものを使っていないので食事を邪魔しない、飲み疲れしないお酒です。例えば無濾過生原酒で『うまい』と感じる酒でも量はなかなか飲めませんけれど、プレミアムＳは落ち着いた香りと上品な味、後味の切れの良さもあってついついもう一杯手が伸びてしまうと思います。常温でも熱燗でも冷やしてもオールマイティーで楽しめるのが特徴で、家庭の食卓に置いて晩酌などで楽しんでもらうスタイルを想定して造りました」と自信をのぞかせる。

こうした取り組みの背景には、近年顕著な若者を中心とした日本酒離れへの危機感があるという。「普通酒も20年ぐらい前とは比べようがないほど酒質は良いものになっています。

住　所／真岡市田町1041－1
電　話／0285・82・2059
代表者／辻　寛之
創　業／1754（宝暦4）年

ただ、そうしたものを求める若い客層が育っていない、そうした文化に持っていけていないのが現状なので、若い人を中心にもっともっと日本酒に興味を持ってもらわなくてはという気持ちです。そのための入り口の酒が必要だし、今から力を入れておかないと先は厳しいのかなと新しい酒にも力を入れています」

一方、約4年前から海外輸出にも取り組んでいる。現在は米国、豪州、ドイツの3カ国。「海外で日本食が注目されるようになったことで約10年前からセットで日本酒の需要も伸びています。ワインのようにブドウの糖が発酵して酒になる単発酵とは異なり、日本酒はもともと糖ではない米というでん粉を麹の酵素で糖化し、その糖を酵母がアルコールに変える並行複発酵というテクニカルな醸造方法です。もちろん味もそうですが、その高度な技術も注目されて海外人気が高まっているのだと思います」と分析する。

2020年からの世界的なコロナ禍により、海外輸出はもとより国内での販売も大きな打撃を受けたというが、「今までの常識が通用しない状況になっているのは確かです。ただ、コロナ禍で夏場に時間を持て余してしまったので、今度はどんな造りをやろうかといろいろ考えていました」と前向きだ。「本当にコロナで大変な時代ではありますが、そんな中で自分にできることと言えば、おいしいお酒を造ってお客さまに喜んでいただくことだと思います。また、下野杜氏の一人としても、ウィズコロナで気を付けながらさまざまな機会に栃木の酒をアピールしていきたいと考えています」

外池酒造店

益子町

データ管理を徹底、酒の再現性高める

「きれいな酒」目指す

真岡鐵道の益子駅から西に約１㎞、国道２９４号を進むと外池酒造店の大きな門構えが現れる。道路の反対側には広い駐車場を備えている。同社は県内有数の観光酒蔵として、蔵の内部を開放しているのが特徴だ。直売スペースでは同社のさまざまな銘柄の日本酒を試飲や購入ができるほか、併設のカフェでは落ち着いた雰囲気の中、コーヒーやスイーツ

燦

を楽しむことができる。現在は新型コロナウイルスの影響で受け入れを制限しているが、2019年は県内外から約7万人が足を運んだ。3代目蔵元の外池茂樹社長は「観光酒蔵は始めて30年以上になります。観光地・益子という立地を生かし、地域とともに発展したいというスタイルの一環です」と強調する。

同社の看板商品が「燦爛」だ。栃木県産米を中心に使用。昔ながらの酒造りで、普通酒から純米大吟醸までさまざまなカテゴリーをそろえている。そして近年、評価を高めているのが、新たに立ち上げたもう一つのブランド「望（ぼう）」。こちらは県内だけではなく、県外産の酒米も積極的に使用している。無濾過原酒で、アルコール度数は16％で統一。絞った翌日に瓶詰めすることで、フレッシュな味わいとしている。外池社長は「新しいイメージの日本酒を造るため、チャレンジしていこうと思ったのがきっかけでした。栃木にこだわらず、県外も含めたさまざまな酒米、いろいろな酵母も取り入れていきます」と話す。燦爛も望も共通して目指しているのは「なめらか」で「ふくらみのある」そして「きれいな酒」だ。

外池氏が社長に就任したのは20年以上前の1998年。当時は生産量の約7割が普通酒で、いわゆる地元の家庭での晩酌や法事などでおなじみの酒だった。しかし既に食の多様化や少子化に伴い、日本酒の市場は縮小傾向となっていた。そこで普通酒から特定名称酒中心への生産に切り替えた。外池社長は「より良質の酒造りを目指しました。南部杜氏の小原公正さんを招聘し、蒸米機などの設備投資も積極的に行いました。一つ一つの仕込みの量も小さくし、適切な温度管理を心掛けました」と振り返る。

国内外で高評価

同社の名声をさらに高めることになったのが小原さんの死去後、２０１５年から杜氏を務める小野誠さんだ。小野さんは埼玉県上尾市出身。同県内の酒造会社で酒造りを学んだ後、秋田県内の酒蔵でさらに経験を積み、10年に外池酒造店に入った。手造りにこだわるという小原さんの酒造りを継承しつつ、さらに詳細なデータ管理に基づく酒造りを取り入れた。小野さんは「気温や米の温度、水分、蒸し時間、吸水率など、当たり前のことかもしれませんが、一つ一つ見直して、データ管理に取り組みました。いい酒ができた年のデータを見ることで、酒の再現性を高めることにつなげています」と力を込める。

小野さんの地道な取り組みも実を結び、同社の酒に対する評価の高まりは著しいものがある。19年は栃木県清酒鑑評会で5部門中3部門で最高賞の知事賞を獲得。国内外の各種コンテストの受賞数をポイント化して評価する、19年版の世界酒蔵ランキングでは4位となった。「普通酒から大吟醸まで、すべてのお酒に手を抜かないという姿勢でやってきまし

住　所／益子町塙３３３−１
電　話／0285・72・0001
代表者／外池茂樹
創　業／1937（昭和12）年

た。データも今後さらに5年、10年と蓄積することで、さらに品質を向上できると思います」と小野さん。外池社長も「酒造りに懸ける情熱がすごいからだと思います」と杜氏に全幅の信頼を寄せる。

さらに同社が最高級品として新たに生産を始めたのが「外池ＡＵＴＨＥＮＴＩＣ」だ。燦爛も望も主に空気に触れないように機械による搾りで生産しているが、本物を追求するという目的で始まった「外池」はあえて袋吊りを取り入れている。小野さんは「機械で搾ればガス感や、しっかりとした味が出せますが、袋で一滴一滴搾ることで、圧倒的に繊細で、洗練された酒になります。ただ本当に手間も人手もかかりますが」と話す。７２０㎖で大吟醸が７７００円、純米大吟醸は１万１千円と高価なため百貨店などでの限定販売となっているが、購入者の評価は非常に高く、贈答用としての引き合いもあるという。

かつては地元での流通が大半だったが、近年は県内はもとより、県外の消費者からの評価も高まっている。７、８年前から本格化させた輸出の取り組みも順調で、現在は約10カ国に送り出している。経営の多角化として取り入れた焼酎、リキュール、どぶろくや、化粧水などコスメの販売も好調だ。外池社長は「まずは一人でも多くの方に、外池酒造店の酒のおいしさを知ってほしい。そして、その酒がどういう土地で造られているかもぜひ知ってほしい」と笑顔を見せる。

とちぎ酒と楽しむ〝とちぎ飯〟①

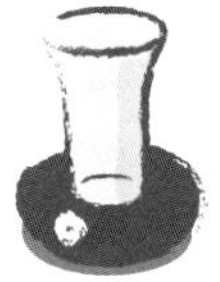

蕎麦で江戸情緒を満喫

蕎麦と日本酒と言えば、時代劇にも頻繁に登場するような江戸時代からの定番だ。そして栃木県は豊かな自然と水に恵まれ、蕎麦のおいしい地域でもある。宇都宮市泉町の蕎麦店「蔵」は二八の手打ち蕎麦と、こだわりの日本酒が楽

しめる名店として知られている。店主の並木強さんに、日本酒の魅力などについて語ってもらった。

同店は1978年の創業。店名の通り、明治時代に建てられた蔵を改装した店舗は趣あふれる造りとなっている。並木さんは先代店主の父親の下、20歳の頃から蕎麦打ちを始め、約30年になる。「蕎麦を打つには力加減や気温とのバランスもいるし、蕎麦粉の品質が良くないと良い蕎麦にはならない。何年打っても奥が深いですよ」と笑う。蕎麦粉は宇都宮市新里町の地元産と、北海道産を使用し、むきたて、ひきたて、打ちたて、ゆでたての〝四たて〟にこだわる。

店内の壁には県内外の銘酒の名前が書かれた紙が並ぶ。この日、用意してもらった栃木県の地酒は小林酒造（小山市）の純米大吟醸酒「鳳凰美田　赤判」と、菊の里酒造（大田原市）が

同店だけのために醸造した特別純米酒「裏大那」。この鳳凰美田は「華やかで気品のある果実味」、裏大那は「上品な旨味とバランスの良さ」が特長だという。それ以外にも全国各地の知る人ぞ知る銘柄も取りそろえており、提供する日本酒は通年で延べ数百種類に上るという。「こだわりの日本酒を造る小さな酒蔵のものや、珍しい日本酒を中心に仕入れています」と話す。

蕎麦を味わう前に、同店おすすめのつまみを作ってもらった。まずは、お客の多くが注文するという宇都宮市産のニラを使った「ニラのお浸し」。新鮮なニラで作ったお浸しに卵黄を乗せた、シンプルながらもニラの甘味、香りが楽しめる一品だ。卵黄とニラを絡め、好みで蕎麦のかえしをたらす。続いて出てきたのは、お浸しと並ぶ人気商品の「鴨焼き」だ。こちらは国産合鴨を取り扱う専門店から仕入れた合鴨モモ

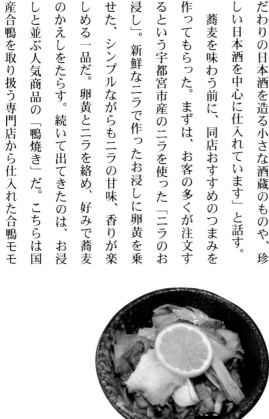

肉とネギを炒め、おろしポン酢で味わう。鴨の旨味が口いっぱいに広がり、ついつい杯を重ねてしまいそうだ。栃木県特産の湯波を使った「ゆば刺し」は濃厚な味わい、盛り合わせの天ぷらはサクッとした歯ごたえだ。

締めを飾るのはもちろん、打ちたての「もりそば」。軽快なのど越しと、新蕎麦の香りがたまらない。この国、いや栃木県に住む幸せを感じずにはいられない。

並木さんに日本酒の魅力を尋ねた。「酒蔵によって、個性あふれるさまざまなお酒があります。新酒やひやおろしなど、季節によって味わいの違いもあります。今の日本酒のレベルは、かつてないまでに高くなっています。いろいろな銘柄を楽しんでもらい、自分好みの日本酒を見つけてほしいですね」

蔵

住　所／宇都宮市泉町7－13
電　話／028・625・6709
定休日／日曜、祝日

とちぎ酒と楽しむ〝とちぎ飯〟②

日本酒は餃子にも合う！

栃木県を代表するご当地グルメと言えば、やっぱり宇都宮餃子。一般的に餃子にはビールやハイボールというイメージだが、果たして日本酒との相性は。今回は宇都宮餃子会の協力で、同会の鈴木章弘事務局長に日本酒に

合いそうな餃子を紹介してもらった。

　同会が運営する餃子専門店「来らっせ本店」（宇都宮市馬場通り2丁目）は同会加盟店の様々な餃子が楽しめると好評だ。運ばれてきたのは定番の焼餃子、水餃子のほか、おろしポン酢風味やピリ辛風味といった変わり種餃子など計5品だ。日本酒は来らっせで提供する、「四季桜　黄ぶな」（宇都宮酒造）、「菊美禄」（虎屋本店）、「惣誉　冷酒香り」（惣誉酒造）の3点。

「自分もお酒が好きなのでいろいろと試しますが、日本酒と餃子は合います」と断言する鈴木さん。正月も自宅で日本酒と餃子の組み合わせを楽しんだという。最初にイチオシとして紹介してもらったのが「めんめん」の「ゆで餃子おろしポン酢がけ」。ゆで餃子をおろしポン酢で楽しむ一品だ。「焼餃子も悪くないん

ですけど、さっぱりとした味わいのゆで餃子だとさらに、それぞれの日本酒の味、香りを楽しめると思います」と絶賛する。ちなみに、来らっせで扱う日本酒はいずれもスッキリとした辛口で、餃子との相性がよさそうなものをセレクトしているという。

次に登場したのが「龍門」の「よだれ餃子」。こちらは中国・四川料理の「よだれ鶏」から着想を得た、ゆで餃子にピリ辛仕立てのたれをかけた変わり種だ。「これもピリ辛風味を一回、日本酒がリセットするという感じで食が進みます」と満面の笑み。「さつき」の「青しそ餃子」に対しては「餃子のたれをつけるよりも、お酢だけや、塩で食べてもらうことでより、しその香りと日本酒の香り、味わいが楽しめると思いますテークアウトなら自宅でオリーブオイルと楽しむのもオススメです」

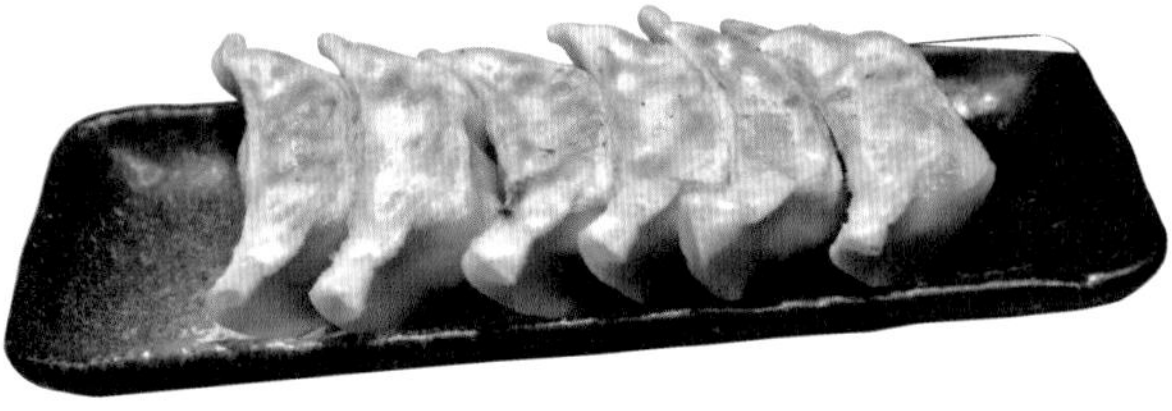

との提案も。
最後は「宇都宮みんみん」の「焼餃子」と「水餃子」。「宇都宮餃子の王道ですね。宇都宮みんみんの餃子はニンニクが控えめなので、日本酒との相性では優等生だと思います」と締めくくった。
宇都宮餃子の伝道師という立場の一方、日本酒ファンの一人としてこれまでも様々な栃木の地酒を楽しんできたという鈴木さん。「栃木県には非常にレベルの高い日本酒がそろっていると思います。甘口、辛口、香り、酸味とタイプもさまざまです。それぞれの好みで、おいしい栃木の日本酒、食べ物を楽しんでほしいですね。そのときはぜひ、宇都宮餃子もお忘れなく」

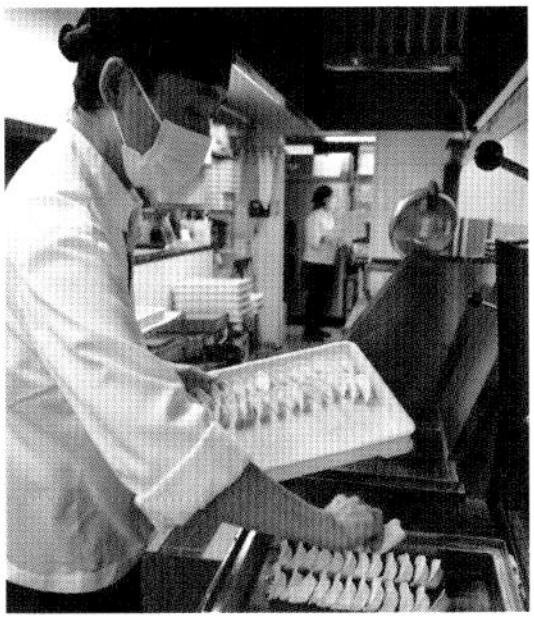

来らっせ本店

住　所／宇都宮市馬場通2丁目3－12
電　話／028・614・5388
定休日／無休

きき酒処

酒々楽

ささら

栃木県酒造組合内の「きき酒処　酒々楽（ささら）」では同組合加盟の30酒蔵、約60種類の日本酒を試飲できる。店内で1冊1千円（100円×10枚、税込み）のチケットを購入し、チケット1枚につきグラス1杯の日本酒を飲むことができる。栃木の地酒の特徴を多くの人に知ってもらおうと、1999年12月にオープンした。あなたもお気に入りの「とちぎ酒」を見つけてみては。

住　　所／宇都宮市本町１２－３１
電　　話／０２８・６２２・５０７１
営業時間／午後５時～同７時（土・日曜、祝日は休館）

杜氏

杜氏

酒造りの現場の最高責任者で、酒蔵で酒造りに従事する蔵人たちに指示を出す。かつては酒造りの時期に各地の酒蔵に出稼ぎに行く季節労働者が多かったが、近年は社員杜氏制度を採用する酒蔵も増えている。古くからの酒どころにはその土地の杜氏で構成する杜氏集団があり、集団ごとに独自の技術を持っている。代表的な杜氏集団として南部杜氏（岩手県）、越後杜氏（新潟県）がある。

下野杜氏

下野杜氏とは本県に出稼ぎに来ていた南部杜氏や越後杜氏の高齢化などを背景に、栃木県と栃木県酒造組合が独自に立ち上げた杜氏の認証制度だ。酒造業の従事年数や、杜氏、酛廻り、釜屋など酒蔵で従事した役職、新酒鑑評会の入賞歴、利き酒大会の成績などをポイント化し、累計80ポイントで受験資格が得られる。試験は小論文、筆記、実技、面接の4項目で、それぞれ8割以上の得点が求められる。

同組合が次世代の技術者育成や技術継承などを目的に2001年にスタートした、酒造技術者養成講座の参加者を中心に制度づくりが行われた。06年に制度化され、1期生として3人が認証を受けた。12年には日本酒造杜氏組合連合会に加盟し、最も新しい杜氏集団として認められた。現在は20人以上の下野杜氏が各酒蔵で活躍している。同組合の斎藤綾子事務局長は「下野杜氏の制度ができたことで、栃木県の日本酒の酒質向上や、鑑評会での入賞数増加などの成果が表れています。杜氏同士の情報交換にもつながっています」と話す。

とちぎ酒蔵探訪　県南編

●小林酒造（小山市）108
●若駒酒造（小山市）112
●西堀酒造（小山市）116
●杉田酒造（小山市）120
●北関酒造（栃木市）124
●飯沼銘醸（栃木市）128
●相良酒造（栃木市）132
●第一酒造（佐野市）136

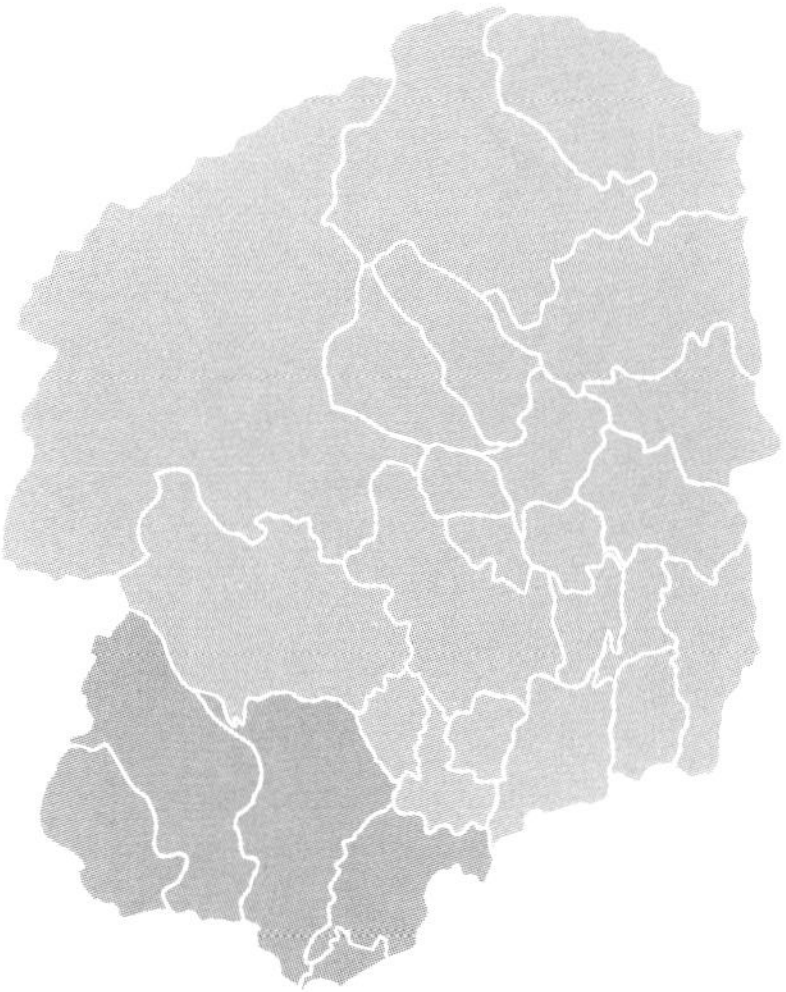

小林酒造

芳醇旨口の裾野拓く

小山市

香り高い酒造り

田園風景が広がる小山市卒島。かつて美田（みた）村と呼ばれたこの地で明治初期から酒造りを続ける小林酒造は現在、県内はもとより全国でも有数の人気、知名度を誇る酒蔵となっている。その果実を思わせる香り、味わいで同社の人気を不動のものとした看板商品が、美田村からその名を取った銘酒「鳳凰美田（ほうおうびでん）」だ。ちなみ

鳳

に鳳凰美田のラベルの英語表記は「ＨＯＵＯＵ　ＢＩＤＥＮ」で、２０２０年の米大統領選を制したジョー・バイデン（Ｊｏｅ・Ｂｉｄｅｎ）氏と綴りが同一となることからも注目を集めた。

１９９０年代後半、この酒を世に送り出したのが、現当主の小林甚一郎社長の長男で専務の小林正樹さんだ。今でこそ鳳凰美田に代表されるフルーティーな、いわゆる、芳醇旨口と言われる日本酒は業界の主流となっているが、発売当時は稀有な存在だった。「うちや十四代（山形県・高木酒造の代表銘柄）さんが先陣を切った形でしたが、当時は香り、匂いがする酒はいい酒という認識ではありませんでした」と振り返る。しかし、小林さんらのチャレンジは、新潟県の酒蔵に象徴される淡麗辛口が主流だった日本酒業界に風穴を開け、一大潮流となっていった。

「香りの高い」日本酒を造るため、その香りを引き出す酵母の存在に着目した。そして開発を支えたのが、岩手県工業技術センターで酒造りを学んだ妻・麻由美さんだった。「当時は香りを出すことが技術的に難しく、香りを出す酵母が大事でした。妻はそういった知識に詳しい、自分にとっての先生でした」と笑う。当初は酵母の存在が大きかった小林酒造の酒造りだが、現在の日本酒業界はそれだけではなく、総合的な技術の高さが求められているという。「今は酵母だけでは勝負にならない。全体のバランスが大事です。酒造りは数値化も大事ですが、それだけではない暗黙知の情報、経験が求められます」

と強調する。

今でこそ全国屈指の有力酒蔵となった小林酒造だが、かつては廃業一歩手前の状態だった。小林さんは「自分が蔵に入った当時（１９９４年）は生産量で１００石くらい。県内でも一番小さいくらいの蔵でした。父と私と秋田出身の杜氏がいたくらいで、仕込みの時だけ近所の農家から手伝いの人が来る。どうやって食べていくのかというレベルでした」と言う。そもそも小林さん自身も、あまり跡を継ぐことを意識していなかったという。大学進学時も当初は醸造学と関係のない理系を目指していたが、直前で東京農業大醸造学科に変更した。「昔からギリギリで変えることが多くて…。今も土壇場で進路変更して社員に怒られることが多いのですが」と苦笑する。

世代を超えたブランディング

大学卒業後、当時の国税庁醸造試験所（現・独立行政法人酒類総合研究所）での研修を経て、本格的に酒造りに取り組んだ。とは言え、１００石程度の零細蔵。できることもさほど多くはなかったという。「あまりに暇だったので、近くの農家で米作りを手伝っていました」と話す。しかし、この経験から酒米づくりの重要性を知ることになった。自分で酒

住　所／小山市卒島743-1
電　話／0285・37・0005
代表者／小林甚一郎
創　業／1872（明治5）年

米づくりを手掛けるようになり、その後、ファンとの交流を兼ねた田植え会、稲刈り会へと発展していった。「現在はやっていないのですが、10年くらいは続いたでしょうか。多いときで800人くらいが集まるイベントになりました」と話す。

現在、酒造りの指針として掲げているのが「次世代につなぐ酒造り」だ。「多くの商品が世に出されていく中、世代を超えてブランディングを蓄積するのは難しいことです。自分たちに求められていることは栃木の酒蔵として、いかに栃木を発信していくことだと思います」と話す。酒米もかつては「酒米の王様」と言われる兵庫県産の山田錦を中心に使っていたが、ここにきて夢ささらに代表される栃木県産米も積極的に取り入れている。今の時代は栃木県ならではの価値を表現することの重要性を大事にしている。

小林さんに酒蔵内を案内してもらうと、若いスタッフの姿が目立った。「もともとやめるつもりの蔵だったので、人を雇うようになったのがこの15年くらいなんですよ。いろんな仲間がいますよ。文系もいれば理系の人も、英語が堪能な人も。なかなか生かし切れていないんですが」と話す。酒造りにおいて〝人〟の存在は欠かせないと実感する日々だ。「日本酒って造り手の性格が現れるお酒なんです。基本はちゃんと造らないとダメなんですが…まじめな人からはまじめなお酒が、明るい人からは飲むとパーッと明るいお酒ができます。酒造りに携わる若い皆が、それぞれの輝く個性を発揮することが大事で、その結晶が魅力ある日本酒を醸すのだと思っています」

若駒酒造

小山市

米の個性を生かした酒造り

「うまい」と言わせる酒を

「創業万延元年」。幕末である。当時の大老井伊直弼が暗殺された「桜田門外の変」があった年であり、ノーベル賞作家大江健三郎の小説「万延元年のフットボール」を思い出す人もいるかもしれない。周囲に広がる田園風景の中に黒壁の建造物が忽然と現れる。若駒酒造の酒蔵だ。母屋や精米所などが文化庁の登録有形文化財に指定されている。

駒

米どころであり、近隣に酒蔵が今も存在する小山市小薬の地で創業した。柏瀬福一郎社長は「初代は近江商人でどこかで奉公していたようです。この場所は水も米も良いので酒を造りはじめたのでしょう」と柔和な表情で語る。福一郎社長も時折関西弁が交じる。話を聞くと、高校生まで滋賀県で暮らしていたそうだ。製造責任者で専務で二男の幸裕さんが酒造りの現場を取り仕切る。

「僕自身、あまり酒を飲めなかったんです」と幸裕さんは笑顔で切り出した。「飲めなかったからこそ、飲めない人でもうまいと言わせるような酒をテーマに造り続けています。飲んで一言目にうまい、と言ってもらえるものを目指しています」

もともと蔵を継ごうという気はなかった。父の福一郎さんも無理に継がせる気はなかったという。高校時代はサッカーに熱中した。「大学時代、東京・新橋の居酒屋でアルバイトをしていました。その時、店長がいろいろな酒を飲ませてくれたんです。就職活動もあまり思うようにならなかったので、それじゃあ蔵を継ごうか、という気持ちでした。それで大学を卒業後、父の東京農大時代の同級生の酒蔵で修行を始めたんです」

酒造りを始めようと3年間の修行の後、小山市に戻ってきたが、設備も人もなく愕然としたという。「酒造りの登竜門のような東京農大に通ってもいませんでした。何もないような状態でゼロから始めるようなものでした」と振り返る。福一郎社長の時は、越後杜氏が来ていたが、今、杜氏はいない。「製造責任者と控えめに言っています。杜氏というのもブランドのような意味合いもありますから。肩書きというか」と語る。

あえて磨かずに透明感を

若駒酒造の醸す酒は業界の中でも異彩を放っているという。最近のトレンドでは精米歩合が低い酒ほど人気が高いとされている。大吟醸酒は50％以下が多く、より磨いて精米歩合を低くすることで、雑味のないクリアな味になるといわれている。

そういう流れの中、若駒酒造は「磨かない」酒、つまり精米歩合の高い酒を造り続ける。

「だいたい、80％とか90％です。ほとんど磨いていないといっていいぐらいです。雑味があって重たいイメージですが、それを感じさせない透明感を目指しています。磨かないと複雑な味とか、ジューシー感が出ます。確かに磨けば磨くほどいいという風潮もあります。うちも50％の酒はあります。磨いても美味しいですが、米の個性がなくなっていくだけのような気がするんです。米の個性を生かした酒造りっていうんですかね。他の酒蔵がやっていないことをやる。僕はマイナーでいたいんです」

あえて磨かない酒を造り続け、少しずつ「若駒」の名前が東京で知られるようになり、全国の地酒専門店にも広がっていった。今や「磨かない酒」の代名詞にもなりつつある。「ありがたいですね。『5年後に化けてくれるかも』と言ってくれる酒販店さんに支えられてい

住　所／小山市小薬169－1
電　話／0285・37・0429
代表者／柏瀬福一郎
創　業／1860（万延元）年

るなと感じています」

若駒で人気なのは「愛山90」。愛山は米の銘柄、90は精米歩合。造った酒はすべてこの組み合わせを名前にしている。「『純米吟醸』とか『大吟醸』といっても分かりにくいじゃないですか。同じものを造り続ける場合もあれば、毎年変えていくものもあります」。若駒の酒には「愛山」のほか、「美山錦」「夢ささら」などの米の名前が並ぶが、「酒米の王」といわれる「山田錦」はない。なぜか。「山田錦はみんなが使っていますからね。『若駒の山田錦を飲んでみたい』と言われるようになったら造るようにします」と笑った。

個性的な酒を造り続ける若駒酒造だが、「若駒」という名前は、若い馬が門の中に入ってきたことに由来するという。「銘柄を新しくするかどうか考えましたが、今の名前のままでいいと。『柏瀬さんなのに。どうして若駒という名前なんですか』と聞きたくなるじゃないですか。そこから会話が生まれますから」

「小さい酒蔵だからこそ、会話を大事にしたい」と幸裕さんは言う。「もちろん数字も重視しますが、トークで酒を売ってきたという自信はあります」。酒造りで一番大事なことは、との問いには「搾るタイミングが重要です。いきなりやる場合もありますから、最後は感覚です。失敗もありますし、失敗から生まれた酒もあります。酒造りの教科書から外れたものであってもオンリーワンの酒を造り続けたいですね」と締め括った。

西堀酒造

小山市

「哲学」を取り入れた酒造り

哲

クラウドファンディングも活用

小山市の国道４号沿いに蔵を構える西堀酒造。その大きな門構えは道路沿いからも目を引く。「全く同じ工程で造っても、蔵によって違う味になる。日本酒の難しさであり、面白さでもありますね」。こう話すのは創業者から数えて6代目に当たる専務の西堀哲也さん。東京大学文学部哲学科卒の異色の蔵人だ。大学卒業後、システム開発会社勤務を経て、２

016年12月に入社した。「ちょうど出荷のピークの時期に入社したので、蔵の中も慌ただしい状態。作業を覚えるのに手いっぱいでした」と振り返る。

門外不出、若盛などのブランドで知られる同社だが、西堀さんが19年から20年にかけて手掛けた新ブランド「Ｎｉｓｈｉｂｏｒｉ　Ｐｅｎｓéｅｓ（パンセ）」シリーズ（５種類）にはその「哲学」のエッセンスが存分に込められている。

「パンセ」はフランス語で「思考」を意味する。パンセシリーズは「コンセプトファースト」を掲げ、精米歩合や酒米、酵母などのスペックにとらわれず、「こんな酒を造りたい」という思いを基軸にしている。そのためラベルには精米歩合や酒米などの表記はされていない。また年度ごとに酒質の解釈をやり直し、味が変わることを是とする「解釈学的醸造」を目指しているという。「純米吟醸や純米大吟醸といった特定名称の区切りで値段が決まるのはおかしいのではという考えがありました。精米歩合70％でも50％でも力の入れ方は同じなので。もちろん特定名称を全否定するのではなく、門外不出などほかのブランドではしっかり記載しています。ブランドごとに思想を変えるということでやっています」と説明する。

またクラウドファンディングの活用により誕生した純米酒「愛米魅　Ｉ　ＭＹ　ＭＥ（アイマイミー）」は古代米を１００％使用した変わり種だ。色は黄金色で酸味と甘みを兼ね備え、白ワインを彷彿させる味わいだ。「人によっては梅酒のように感じたり、紹興酒のように感じたりする人もいます。ヨーロッパだと『シェリー酒のようだ』と言う方もいますね。これまで日本酒に興味のなかった方にも好評のようです」

生産規模は年間５００石ほどだが、昔ながらの造り、味わいの「若盛」「奥座敷」に、伝統的なものから現代的なものまで幅のある主力商品の「門外不出」、そして前衛的な手法も取り入れた「パンセシリーズ」「愛米魅」と多様なラインナップをそろえる。「幅の広さこそが西堀酒造の魅力です。経営的にはアイテムを絞ることも必要なのでしょうが、効率化にはメリットもデメリットもあります。自分たちとしては少量多品種で、いろんなことをやっていきたいと考えています」と力を込める。

業界初、透明タンクで醸造

酒造りそのものにも先進的かつ斬新な手法を取り入れている。その代表の一つが17年から取り組んでいる、業界唯一の透明タンクを使用した醸造だ。利点について「透明タンクは上からだけでなく横からも発酵の推移や対流が分かるので、攪拌のタイミングが的確に把握できます」と話す。他の酒蔵が取り組まない背景には、コストと手間の問題があるという。そもそも同社が透明タンク製造をメーカーに依頼したところ「安全性が保証できない」と断られたという。探し回ったところ、広島県の水族館用の水槽を製造する会社から「醸造用の保証はできないが、図面を用意してもらえればその通りに作ります」と言われ、何とか実用化

住　所／小山市粟宮1452
電　話／0285・45・0035
代表者／西堀和男
創　業／1872（明治5）年

にごぎつけた。このタンクで醸造した門外不出の純米大吟醸酒は「CLEAR　BREW」のブランドで販売している。19年5月には特許も取得した。20年冬には青色LED光を透明タンクに照射し続けて発酵させる、業界初の「光を使った酒造り」も行っている。

エンジニア経験を活かし、20年夏にはIoTを活用した品質管理システムも独自開発した。スマホやパソコンから温度のデータを24時間チェックでき、クラウドに記録・転載されるほか、インターネット経由で冷水弁を遠隔操作してタンク内の温度を一定に保つことができる。「日本酒造りは勘が必要な部分もあるが、IoTで管理できる部分は積極的に取り入れた方がいい。昨今の働き方改革やリモートワークにも関わってくる部分でもありますし」と話す。同社は10年ほど前から杜氏造りから社員造りに切り替えており、今後ますますデータに裏打ちされた酒造りの重要性が増してくると見通す。

一方で多様性こそが日本酒の魅力だとも実感している。蔵に入る前は会社員時代のプログラミング経験などから「日本酒もアウトプットから逆算することで再現性が確保できるのでは」と淡い期待を抱いていたという。しかし「実際に酒造りを始めると、さまざまな自然の要素が加わるので不可解や謎の連続でした。答えがない世界ということでは哲学と似ているなとも感じます」と苦笑する。「いろんな個性があって、どれも正解で、どこの酒蔵のお酒もおいしい。そういう世界は科学で丸裸にされない方がいいんじゃないかなとも思いますね」と思いを巡らせる。

杉田酒造

「伝統」「現代風」「独自性」、3ブランドで勝負

小山市

祖父の言葉を受け継ぐ

小山市西部を流れる巴波川の川沿いにたたずむ杉田酒造。１８７６年の創業で、年間３００石ほどを生産する小規模な酒蔵だ。敷地内に複数ある建物のうち最も古い１棟は江戸時代後期に建てられたものだという。大正時代に建てられた３棟と合わせ、計４棟が国の有形文化財に指定されている。

「山椒は小粒でもぴりりと辛い」と言われるが、この蔵も小さいながらも古くから高い評価を受けてきた酒蔵の一つだ。同社を代表する銘柄の雄東正宗。元々は優等正宗という名称だったが、1927年に関東酒類醤油品評会で3年連続で名誉賞を受賞した際、当時の栃木税務署長から「この酒は関東の雄である」と称えられたことを機にその名を改めた。「雄東正宗は華やかな香り、突出した酸味はありませんが、いわゆる、日本酒らしい日本酒です」。こう話すのは創業者から5代目に当たる専務の杉田泰教さんだ。以前、祖父に言われた印象的な言葉がある。「どんな酒でも搾って2、3カ月はおいしい。酒の真価が出るのはそれからだ」。杉田さんは「その言葉の通り、栓を開けても変化の少ない、落ち着いた酒質というのが雄東正宗の立ち位置です」と強調する。一方、雄東正宗の派生系の「雄東」シリーズは現代風のテイストで仕上げている。こちらはアルコール度数13％の低アルコール酒や、白麹を使った酒など実験的な試みも取り入れた日本酒だ。

そして杉田さん自身が新たに立ち上げたブランドが生酛造りの「鷗樹」。「従来の雄東正宗とは全く違うものを造りたかったという思いがありました。ほかの酒蔵で生酛の酒を飲んだとき、こんなに奥が深いのかと感動した経験もあったので」と話す。生酛造りという基本は守りつつ、アルコール度数の設定など毎年テーマを変えながら造っている。「力強い、どちらかと言うと通好みの酒かもしれませんね」。ちなみにブランド名は杉田さんの母校の白鷗大から文字を取っており「酒を樹木に見立て、母校のように地元に根付き、さらに成長するようにという思いを込めています」と話す。

同社の日本酒は全量、搾りの工程に伝統的な槽（ふね）を使った佐瀬式を取り入れている。「全て佐瀬式の蔵は県内でも少数だと思います。時間をかけてしっかり搾るので、最後の一滴まで酒質が安定するのが長所です」と説明する。

強力米での酒造り

大学で経営学を学んだ杉田さんは卒業後、国税庁醸造研究所（現在の独立行政法人酒類総合研究所）での研修と新潟県内の酒蔵での修行を経て、２００２年に入社した。酒造りよりもまず取り組んだのが、酒造りのための環境整備だった。最初に手を付けたのが、自家精米から委託精米への切り替え。自家精米はその年の酒米の特徴を把握しやすいことが長所だが、一方で同社の精米機は老朽化しており、米ぬかを十分に取り除けなかったという。「最初は杜氏に反対されましたが、実際に委託精米の品質を見たら納得してくれました」と振り返る。また米を運ぶ作業もそれまでは担いでいたが、機械を導入した。ベテランがいないと成り立たない職場ではなく、ある程度の経験を積めば回せるような職場に変えることが狙いだった。「環境整備にだいたいのめどが立つのに5年くらいかかりました。それから自分も本格的に造りを始めました」と話す。

住　所／小山市上泉237
電　話／0285・38・0005
代表者／杉田一典
創　業／1876（明治9）年

栃木県の酒蔵で唯一という同社の特徴が、鳥取県がルーツの強力米を使った酒造りだ。強力米は戦後長らく生産が途絶えていたが、同県内の酒造家が平成に入って復活させた酒米だ。当時の粟野町（現鹿沼市）の湯沢隆夫町長がこの種もみを分けてもらったことから同町の発光路地区で生産が始まり、04年度に同社が醸造を始めた。15年からは小山、足利市内の契約農家でも強力米を生産してもらい、酒造りに取り入れている。「醸造後に劣化しにくく、熟成酒にも適した酒米で、うちの酒造りにも合っていると思います」と話す。都内のイベントの際、強力米で造った5年熟成の日本酒を持って行ったところ、試飲した人からも5年物と感じさせないそのフレッシュさに驚きの声が上がったという。

酒蔵に入って20年近くになるが、まだまだ試行錯誤の日々だという。「納得できるものはまだまだですね。ここをこうすればよかったとか、シーズンが終わってから思うことはいくらでもありますし」と語る。数年前には南部杜氏の資格も取った。「まだ早いかなとも思っていたのですが、酒造りの先輩から『そんなこと言ってたら一生受験できないぞ』と言われて」と笑う。

「手間を惜しまず」。酒造りで大事にしている言葉だ。「できた酒を見ると分かるんですよね。ここは手を抜いたんじゃないかとか。だからこそ、細かいところまで手は抜けません」。実直に一歩一歩、理想の酒造りを目指す。

北関酒造

伝統と技術を両立

栃木市

冠

3酒蔵が合同し設立

1973年、栃木税務署管内にある3つの酒蔵、壬生町の小田垣酒造、藤岡町の鈴木酒造、岩舟町の藤沢本店が企業合同して設立された。合併に伴って名称は「北関酒造」と改まった。銘柄は「北冠」。その理由について、小田垣俊郎社長(当時)は「言い伝えですが、平安時代の武官で、征夷大将軍の坂上田村麻呂が東征の途中に立ち寄ったのが今、北関の本社がある栃木市田村町あたりと言われています。戦勝祈願のため、坂上田村麻呂が愛用の冠を埋めたという故事にちなんで『北冠』の名称が生まれたといわれています」と説明する。

北関酒造がある栃木市は、江戸時代から江戸との舟運によって商都として栄えた。今も川沿いには土蔵造りの蔵、街中には店蔵が並び、小江戸と称される風情が残っている。「この土地は水量が豊富で、水質も良い。栃木市の西部は鍋山など石灰岩を含んだ山があります。そのため、ミネラルが多く、硬度が高い水になります。東部には黒川など東大芦川から水が流れてきます。中硬質の水です。こうした水が酒のボディになってきます」(小田垣さん)

そうした自然環境の下、1988年にコンピューター管理システムを導入した。このシステムによって、これまで北関で越後杜氏が培ってきた技術をデータ化し、麹やもろみ、温度管理を夏でも冬と同じような状態にできるようになった。栃木県内の酒蔵では先駆的な試みだった。導入当時は国内でも最大級の設備だったという。

北関酒造を訪れてまず圧倒されるのが巨大タンクだ。田園風景に囲まれた中に林立する巨大タンクは仕込専用で高さが10メートルもある。このほか調合タンクなどもあり合計100のタンクがある。杜氏の上吉原正人さんは「ここまで巨大なタンクは国内でもなかなかないと思います」と話す。

小田垣さんは「生産量を増やしつつ、高品質の酒を安定した環境で造ることが可能になりました。これを人の力だけでやるとどうしても人数が必要です。コンピューター管理システムによって自動化している部分は物を動かしたりする力仕事の部分が多いですね」と説明する。

大量生産を可能にしつつも、昔ながらの技能や知識を持った杜氏が酒を造ることに変わりはないという。上吉原さんは北関酒造で２００９年から杜氏として陣頭指揮を取る。１９９７年に北関酒造に入社。製造部に配属され、越後杜氏の山崎忠一さんの下で酒造りに携わってきた。

国際規格で輸出拡大を

「職人になりたいという思いで北関酒造に入社しました。最初の頃、アルコールは飲めなかったのですが、修行し、いろいろな人と関わっていくうちに飲み方も分かってきました。そしてどういう酒を造りたいのかを考え、自分が感動できるような酒を目指そうと。そういうお酒はお客さんもきっと喜び、感動してくれると思っています」

下野杜氏４期生である上吉原さんは２０２０年7月、南部杜氏の資格も取得した。し

住　所／栃木市田村町480
電　話／0282・27・9570
代表者／鈴木誠人
創　業／1973（昭和48）年

かもその試験では首席合格を果たす。それ以外にも2012年から全国新酒鑑評会の金賞を5回獲得するなどの受賞歴を持つ。

「今まで培ってきた越後杜氏の『酒と対話し、蔵人が団結して協働する』という教えと技を継ぎながら、新たな情報も取り入れて試すチャレンジ精神を持った下野杜氏であるように努めています。私が目指しているのは『究極のバランス』です。日本酒本来の味わいや香りのバランスを大切にして、多様なニーズを持った飲み手の方々に応えていきたいですね」。南部杜氏の資格も取ったことについては「これによって多くの情報が得やすくなり、杜氏間のネットワークによって刺激や影響を得られます。これからもますます精進し、皆さんの嗜好に合うおいしいお酒をお届けしたいと思っています」と話す。

最新技術と伝統的な酒造りを両立させる北関酒造だが、清酒の衛生管理にも先駆的に取り組む。意図的な異物混入防止など最も厳しい食品衛生管理を求めた国際規格「FSSC22000」の認証を取得した。

3万石という県内でも屈指の石高を誇り、海外輸出も大きなウエートを占めている。その意味でも国際規格の取得でさらなる輸出拡大を目指す。

飯沼銘醸

酒米の特性生かし旨味を醸す

栃木市

姿

酒銘にまつわる二つのストーリー

栃木県内有数の米の産地で知られる栃木市西方町にあり、文化８（１８１１）年の創業から今年で２１０年目を迎える老舗の酒蔵である。自社田や同市内の８軒の農家、県立栃木農業高校で収穫される「山田錦」「五百万石」をはじめ、県内外で生産される多種多彩な酒米の特性を生かしながら清酒の旨味、味を引き出すことを持ち味にしている。９代目社長で杜氏でもある飯沼徹典さんは「良酒は良い環境から」をモットーに掲げ、「蔵人が常に助け合いながら、気持ちよく仕事できるよう心掛けています」と語る。

同社の二つの銘柄「杉並木」と「姿」には、それぞれ命名にまつわるストーリーがある。

「杉並木」の酒銘は、日光市今市にある総延長35㎞にも及ぶ「日光杉並木街道」に由来し、徹典さんの父で8代目社長の邦利さん（現会長）が営業のため今市方面に足繁く通う中で「そう言えば、日光杉並木は有名なのに、その名前が付いた酒はまだないな」と思い立ち、昭和50年代に商標登録したという。同蔵の原点である越後杜氏から受け継いだ淡麗辛口が特徴の「杉並木」は多くの日本酒好きの心をつかみ、徐々に知名度も高まっていったが、一方でその酒銘から酒蔵は日光にあると思っている人が今でも少なくないそうだ。徹典さんは「栃木県内での試飲会でも多くのお客様から『日光のどこですか？』と聞かれます。『いや、西方なんです』と答えると『なぜ、杉並木？』と言われてしまって。私としては複雑な気持ちでした」と苦笑交じりに振り返る。

「杉並木がそんな風に言われていたので、新たに地元に由来した銘柄を造りたいと思ってずっと考えていました」。そんな思いが原動力となり、誕生したのが無濾過生原酒をメインとする「姿」だった。地元の西方に残る「八百比丘尼伝説」に登場する、八重姫が自分の姿を映した池といわれる男丸の鏡水（姿見の池）に由来しており「ありのままの姿から転じて、搾ったままの酒をそのまま瓶詰めにするという、酒本来の姿をイメージした銘柄になりました。濃くて旨味のある酒を目指しています」と説明する。

「農家の顔が見える」酒造り

２０１８年からは、同じ品種の酒米でも生産農家ごとに分けて醸造する「農家の顔が見える」酒造りに取り組んでいる。例えば、従来のように生産を委託している複数の農家が作る山田錦を精米時に全て混ぜるのではなく、農家ごとの個別タンクで醸造し、商品化した酒のラベルにそれぞれの農家の名前を記して販売するという試みだ。「蔵元だけでなく、酒米についても生産者の顔が見えることで消費者に安心をお届けしたいと考えました。それと同じ農家さんの米で酒を２本造ってもその味は微妙に異なりますから、農家さんが違えば全然違った味わいを楽しんでいただけます。米の生産量も関係するので今はまだ名前が出ている農家さんは５軒ですが、これから徐々に増やしていきたいと思います」と力を込める。この試みは農家にとっても大いに励みとなっているようで「できたお酒をご自分で買いにこられる方が多いです。『今度クラス会があるので俺が作った米の酒を持っていくんだ』という方もおられました」と笑顔を見せる。

多種多彩な酒米の特性を生かしつつ、さまざまな手法で日本酒の世界を広げていく挑戦には際限がない。同社の場合、搾りの工程に袋を吊るす方法と連続式の搾り機を使う方法

住　所／栃木市西方町元８５０
電　話／０２８２・９２・２００５
代表者／飯沼徹典
創　業／１８１１（文化８）年

を併用しており、これを使い分けることで味に変化を出している。さらに、昨年は、８種類の米を使い、それぞれ異なる麹米と掛米で酒造りすることにも挑戦したという。「酒にしてからブレンドするのではなく、８種類ある作業工程を全て違う米で造るという試みです。恐らく全国的にも他のところではやっていません」と胸を張る。

その一方、１９８２年に父・邦利さんと祖父の故・守一さんが消費者の開運を願い、翌年のえとをかたどったボトルで酒を出荷する「干支ボトル」の販売を始めてから38年が経過。季節の風物詩として日本酒ファンのみならず多くの人たちを楽しませている。「干支ボトルはもう3巡目に入っています。年々、出荷量は減っており、将来的には受注販売になるかもしれませんが、続けられる限りは続けていきたいですね」

最近の日本酒のトレンドについて「少し前だと淡麗辛口、10年前ぐらいから旨口がはやりだして、今はまた辛口が見直されている感じです。いろいろな味の酒が出てきていて、これまでの概念にとらわれないような酒もあります」と分析する。自らのこれからの酒造りについては「コロナ禍の渦中にある今は先が見通せないので、あまり先のことまで考えていません」と言いながらも「これまでの酒の味を守りつつ新しいこともやっていかなければと感じています。さまざまな可能性がありますが、全体の量を増やすことはしたくないので、その中で新しい酒、例えば、杉並木、姿とは別にもう少しライトな酒を造ることにも取り組んでいきたいと思っています」と、持ち前の挑戦心は揺るぎない。

相良酒造

栃木市

兄妹で純米大吟醸を

朝露のような透明感

関東平野の北端にあり、万葉集にも詠まれた三毳山の西に位置し、古くから日光例幣使街道の宿場町として栄えた栃木市岩舟町。この地で天保２（１８３１）年に創業、２０２１年で１９０周年を迎える。

９代目当主を務めるのが相良明徳社長、製造責任者として酒造りの陣頭指揮を執るのが

露

相良社長の妹沙奈恵さん。兄37歳、妹32歳の若い兄妹の二人三脚で切り盛りする。

「創業年は天保の改革の時代ですから、江戸後期です。初代は新潟県柏崎市出身で、酒を造る上で理想的な水質を求め、この地にたどり着いたと聞いています。初代が惚れ込んだこの水は日光連山の仕込み水です。柔らかくて甘味もあります。この水の味わいをどう酒質に反映させるかを追求していきます」。明徳社長が酒蔵の歴史を説明してくれた。

「朝日榮」という銘柄は大正時代から使われているという。「最初は『朝さくら』という銘柄だったそうです。その後『朝日桜』となり、『朝日榮』と変わったそうです。『朝日が昇るように喜びや繁栄を願う』という思いが込められているそうです」（明徳社長）。

相良酒造ではこの「朝日榮」の他に「三毳山」「東照」という銘柄もある。銘柄の誕生した順番は「朝日榮」が最も古く、「東照」「三毳山」と続く。現在はメインとなる「朝日榮」と普通酒など地元密着型の「三毳山」の2銘柄だが、「東照」の復活にも取り組んでいる。

「朝日榮は朝露のような透明感のある味わいとキレの良さが特徴です。三毳山は栃木県産米と栃木県酵母を使っており、晩酌酒として味わっていただけるとうれしいですね。そして復活させる東照は朝日が降り注ぐひだまりを連想させるような酒にしたいですね。心地よく柔らかな味わいと、澄んだ空気のように爽やかなキレを表現できれば」と明徳社長は話す。

数少ない女性の製造責任者

製造責任者の沙奈恵さんは県内の酒蔵でも数少ない女性の製造責任者の一人だ。幼稚園の先生を目指していたが、高校3年生の時に歴史ある酒蔵を守ろうと進路を変更。酒造りに関わる人が学ぶことで知られる東京農業大学醸造学科に進学した。卒業後、群馬県内の酒蔵で修行し、２０１３年から実家に戻った。

「最初は無我夢中でした。お酒とかお米のことしか考えられないほどでした。父が亡くなって現場責任者として全体を見なければなりません。視野が狭いとダメだと思いました。最初の頃は眠れないし、お米は重いので運ぶのに力が入ります。重労働で過酷でしたが少しずつ慣れてきました。それとともに達成感や喜びもだんだん強くなってきています」と沙奈恵さんは話す。経験を重ねるに連れて苦労の質も変わってきているという。「最初は麹づくりが大変でしたが、今は絞ってから瓶詰めまでの作業が神経を使いますね」

かつては一家に一本一升瓶という時代があった。しかし、今はアルコール飲料の種類が増え、消費者の趣味趣向が多様化している。明徳社長によると、かつては栃木市岩舟町だけで3つも酒蔵が存在した時代があったという。「根強い人気をいただいている普通酒の需要も年々落ちています。お酒の飲み方が多様化している時代だからこそ味を追求していきたい。純米酒系統の高品質のものを造りたいです。青葉に寄り添う『朝露』をコンセプトに、

住　所／栃木市岩舟町静３６２４
電　話／０２８２・５５・２０１３
代表者／相良明徳
創　業／１８３１（天保２）年

透明感のある味わいとキレの良さを大切に造っていきたい」

明徳社長が目指す酒をどうかたちにしていくか。父洋行さんの時代には製造していた大吟醸を今は休んでいる。その復活が沙奈恵さんの目標だ。「市販の日本酒を審査対象にしているＳＡＫＥ　ＣＯＭＰＥＴＩＴＩＯＮに２０１３年から出品しています。以前は下から数えたほうが早かったのですが、ここ数年は出品点数の上位１／３以内に残り（予選通過）、決勝審査まで進むようになってきました。この成績に満足せず、更に上を目指していきたい」と沙奈恵さんは自信をのぞかせる。

新型コロナウイルス感染拡大で２０２０年のＳＡＫＥ　ＣＯＭＰＥＴＩＴＩＯＮは中止になったが、大吟醸を造るという二人の目標に変わりはない。

明徳社長は「和醸良酒という言葉がありますが、良い信頼関係が良いお酒を生むという解釈と、良いお酒が良い信頼関係を生むとの解釈があります。お酒造りに携われることへの感謝を忘れてはいけません。食事とともに楽しんでもらえるお酒が理想ですので、一歩、二歩下がって料理を引き立てる飲み飽きない酒を目指します。現在、栃木県産米は８、９割ですがもっと増やしていきたい。そして地元の人に飲み続けてもらえるお酒を提供していきたい」。

沙奈恵さんは「これからも愛情を込めて、お酒造りと向き合っていきたいですね。まずは狙った酒質のコントロールができるように自信をつけたい。そして精米歩合50％以下の純米大吟醸を造っていきたい」というのが夢だ。

第一酒造

佐野市

栃木県内最古の酒蔵

農業と酒、創業から変わらず

延宝元年、西暦１６７３年に創業した、栃木県内最古の酒蔵として知られる。徳川幕府４代目将軍家綱の時代、アメリカ合衆国の独立宣言よりも１００年以上前から酒造りを続けている。江戸末期から明治期にかけて建てられた母屋、酒蔵、旧穀倉などが国の登録有形文化財になっている。

「３００年の歴史を振り返ると、江戸時代は江戸への酒の供給基地として存在していたようです。舟で渡良瀬川、利根川を通って江戸に運んでいたようです。江戸東京博物館に行くと当時の様子が紹介されています」。12代目の島田嘉紀社長は説明する。

「もともとは農家だったようで、農家が酒造りを始めたと聞いています。自分のところで米を作っているから、お酒も丁寧に造ります。酒に使うという前提があるから、米も大事にします。そういう相互関係があります」

創業時から農業と酒造りを一体的に行っており、現在もその体制に変化はない。敷地内にはコンバイン、田植え機など農業機械もある。自社水田で田植えから収穫まですべて社員が行っている。全国の酒蔵で唯一の政府認定米麦集荷業者でもあり、近隣農家と直接契約して、米の集荷を行っている。

「日本名水百選にも選ばれる佐野の良質な水と自社水田で栽培する酒造好適米などを原料に酒を醸します。柔らかな旨味とふくよかで洗練された華やかな香りが特徴です」と説明する。

島田社長は地元の佐野高校を卒業後、東京都内の大学に進学。卒業後は大手ビールメーカーに就職し、経営のノウハウなどを学んだ。1992年から第一酒造に入り、2009年、社長に就任した。「地元で愛されるからこそ地酒」をポリシーとする。出荷の約8割が栃木県内向けだ。その一方で国内だけでなく、アメリカ、フランス、香港、台湾などにも輸出している。

1998年から、販売するすべての商品を特定名称酒とした。特定名称酒は「純米酒」「吟醸酒」「本醸造酒」の3種類に分類される。原料や精米歩合によってさらに「大吟醸酒」「純米吟醸酒」など8種類に分かれる。「北関東3県では初めてのことで地元への販売が中心の酒蔵がすべてを特定名称酒とするのは珍しいことかと思います」と話す。

「3人の下野杜氏をはじめ、さまざまな資格を持った技術者がいるのも特長です」。日本酒造りの国家資格である「酒造一級技能士」が5人在籍するほか、独立行政法人酒類総合研究所が認定した「清酒の官能評価分析における専門評価者」が1人。栃木県の優れた技能者を認定する「とちぎマイスター」も2人在籍する。日本酒業界最大規模の公式品評会である「全国新酒鑑評会」で金賞受賞が35回と県内最多でもある。

台風被害を乗り越えて

代表銘柄の「開華」は常に新商品を提供するのが特長だ。大晦日に搾った酒を元旦に宅配する「開華　大晦日しぼり」や旧暦で新しい年の始まりを意味する「立春」の早朝に搾った酒をその日のうちに飲んでもらう「開華　立春朝搾り」は地元以外の人から好評だ。2019年にはスパークリング日本酒「開華　Awasake」を初めて造った。この酒はその年に名古屋市で開かれた20カ国・地域（G20）外相会合の夕食会で、乾杯酒として提供された。「瓶の中で二次発酵させるのが特徴です。フレッシュな柑橘系のさわやかな香り立ちときめ細かい泡立ちが調和します。コクのある緻密な旨味ときれいな酸味がバランスよく仕上がっていて、料理にあう最高の乾杯酒です」

住　所／佐野市田島町４８８
電　話／０２８３・２２・０００１
代表者／島田嘉紀
創　業／１６７３（延宝元）年

このほか、蔵人が自ら作った米を使用した甘酒はノンアルコール、添加物無し、砂糖不使用と健康志向で、子どもでも飲むことが可能だ。島田社長は「甘酒は飲む点滴ともいわれています。こちらもスパークリング日本酒とともに一押しですね」と話す。

第一酒造の定番として古くから愛されているのが「みがき」だ。紫外線から酒を守るため酒瓶が竹皮で包まれている。力強い旨味が特徴だ。「昭和40年代から地元の人を中心に愛され続けています。２０１９年の台風19号の影響で竹皮の使用を止めていましたが、復活させました。開華の代表作であることに変わりはありません」

２０１９年の台風19号で浸水など大きな被害を受けた。決壊した秋山川の堤防から至近距離にあり、日本酒の元である麹を作る「麹室」も浸水した。水や土砂が敷地内に流れ込み、仕込みも2カ月近く遅れ、日本酒約2千本が被害をうけた。「日本クリケット協会（事務局・佐野市）さんをはじめ多くのボランティアの皆さんが泥出しなどの復旧作業をしてくれました。心から感謝しています」。

仕込みなどの作業が元通りになった矢先、追い打ちをかけるように新型コロナウイルスの感染が広がったが、仕込みの現場をリアルタイムで見てもらう「オンライン酒蔵見学会」も始めた。「コロナでもやっていかなくてはなりません。台風19号でさまざまな方から支援を受けました。その恩返しをしなくてはなりません。おいしく飲んで楽しんでいただける酒を造り続けます」と前を向いた。

器

「宅飲み」の必需品!? とちぎ酒が何倍もおいしくなるウツワ

外飲みがままならない今、自宅でとちぎの地酒を楽しむのだったら、お酒をそそぐウツワも「とちぎ産」にこだわってみたいもの。栃木には益子焼がある。ということで、益子焼販売の老舗「やまに大塚」の専務、焼き物目利きのスペシャリスト大塚実幸さんに、お酒が何倍もおいしくなるオススメの酒器を教えていただきました。

田中 正生作

塩釉を使った色鮮やかなぐい呑み。上品でシンプルながら、どこか酒器の方から使い手を選ぶような強い自己主張もある。使い続けると、盃の素地がほんのり桜色に変化することもあるという。「このような口が広い盃タイプは、冷酒をくいっとあおるのにぴったり」

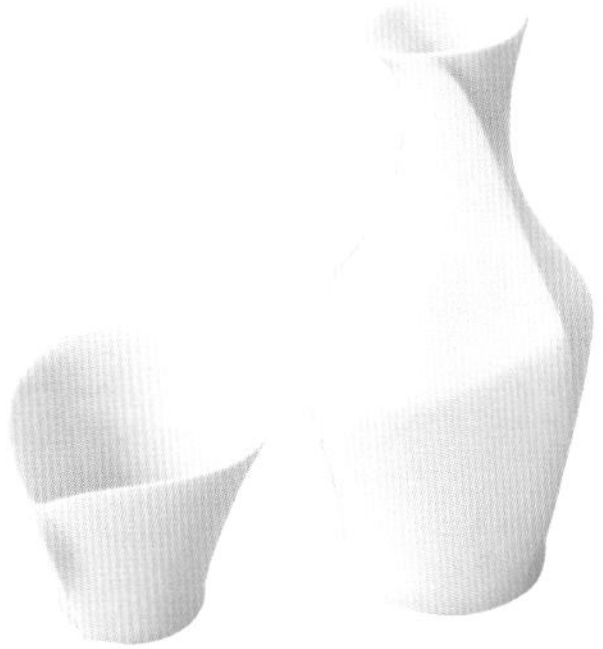

えき のり子作

気鋭の女流作家。「かわいくて色気がある」作風で、特に女性人気が高い。価格もお手ごろ。鋭角な線をうまく織り込んだ特徴ある仕上がりが目を引く。「上からのぞくと桜の花びらの形」という凝ったデザインのぐい呑みは、花見シーズンにベストマッチ。シンプルな徳利もかわいい。

向山 文也作

大塚さんが「お気に入りのフォルムです」と紹介してくれた作品。飲み口に曲線を使ったラインはなるほどユニーク。パズルのような模様と、くっきり描かれた黒の釉薬が目を引く。独特の形状にもかかわらずカチッとした印象も併せ持つ。「男性人気が高い作家さんです」

佐伯 守美作

美しい樹木の模様「象嵌《ぞうがん》樹林文」が印象的。全国でも人気の高い益子焼屈指の有名作家。情緒あふれるぐい呑みは、「ウツワを愛でながら、しっとり味わいたい“一人飲み派”にもすすめたいです」。口が狭くて高さのある“立ちもの”は、熱がさめにくく熱燗によく合うそうです。

西村 俊彦作

異色の作風に目を奪われる。エキゾチックな配色とディズニーアニメにも登場しそうなかわいらしい姿。片口の注ぎ口や台座、ボディの縦ラインに光るのは、銀かと思いきや、変色しないプラチナを使用している手の込みよう。おしゃれなウツワなので「贈答用に買っていかれる方も多いです」。

萩原 芳典作

大塚さんが「現代的伝統益子焼」とその作風を表現するように、民藝・益子焼のイメージを今に伝える若手人気作家の1人。黒釉の渋く光る片口とぐい呑みの組み合わせは、これぞ“益子焼の酒器”。「正月のお屠蘇にも合いますよ」と大塚さん。かしこまった場面にも登場願いたい逸品。

大塚さんに酒器選びのコツをまとめてもらいました。「ウツワで料理はおいしくもなるし、そうでもなくなります」と、まずは食事におけるウツワの重要性をアピール。確かに、食材とウツワの色の組み合わせなど、目で楽しめるのも日本料理ならでは。「食器と一緒で、お酒も酒器でおいしくなりますよ」とほほ笑む。陶器の質感が日本酒の口あたりをまろやかにしてくれるという効果もあるが、何といっても、いいウツワで飲むとテンションも上がり、日本酒がおいしく感じるというのは、皆さんも一度は経験があるのでは。「料理もお酒もそうですが、目から入る情報で印象が8割決まってしまいます。せっかくだったら、いいウツワでいい日本酒を楽しんでいただきたいです」

冷酒はグラスで、という方も多いと思われるが、「陶器で冷酒を召し上がるのもいいですよ」。「ヒヤなら口の広い盃タイプでくいっと、熱燗なら背の高い〝立ちもの〟のぐい呑みがオススメです」。辛口甘口での使い分けは？「キレを求める辛口は飲み口の厚みが薄いものを、甘口をじっくり味わいたい方は厚めのものを選んでみてください」

お酒の種類や飲み方で酒器をセレクトするのも一興だが、やはり、「お気に入りのデザインや色にこだわっていただきたいですね」。ウツワも見た目ですよね、やっぱり。「春らしい華やかなもの、対して冬は濃い色のものといったように、コレクターの方は季節や場面で使用する酒器を取り替えて楽しんでいるようですよ」。コレクターまではいかなくても、ピンと来た一品に出会ったら迷わず購入をオススメします。作家の作品は1点モノも多く、早い者勝ち。恋愛もそうですがウツワ選びも「一目ぼれ」が大事です。

数千円から購入できるぐい呑みや徳利は手に入れやすい陶器の代表。お気に入りのウツワで「宅飲みライフ」を楽しんではいかがですか。

やまに大塚

益子焼のメインストリート城内坂に陶器販売やレストランなど7店舗を構える。紹介した作品は「クラフトやまに」内で販売中（在庫・価格はお問い合わせを）。ちなみに「カレーキッチン yamani」の「彩り野菜のカレーライス」（1,130円）が絶品です。

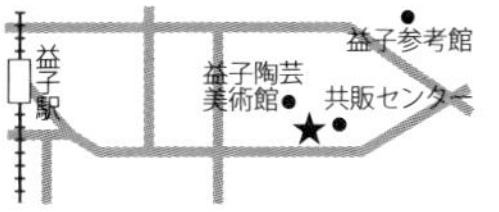

栃木県芳賀郡益子町城内坂88
TEL 0285−72−7711
www.yamani-otsuka.co.jp
craft@yamani-otsuka.co.jp
営業時間10：00～17：00（要確認）

撮影協力：小池亮輔

とちぎ酒蔵 INDEX

栃木県酒造組合加盟の酒蔵 (2021年3月現在)

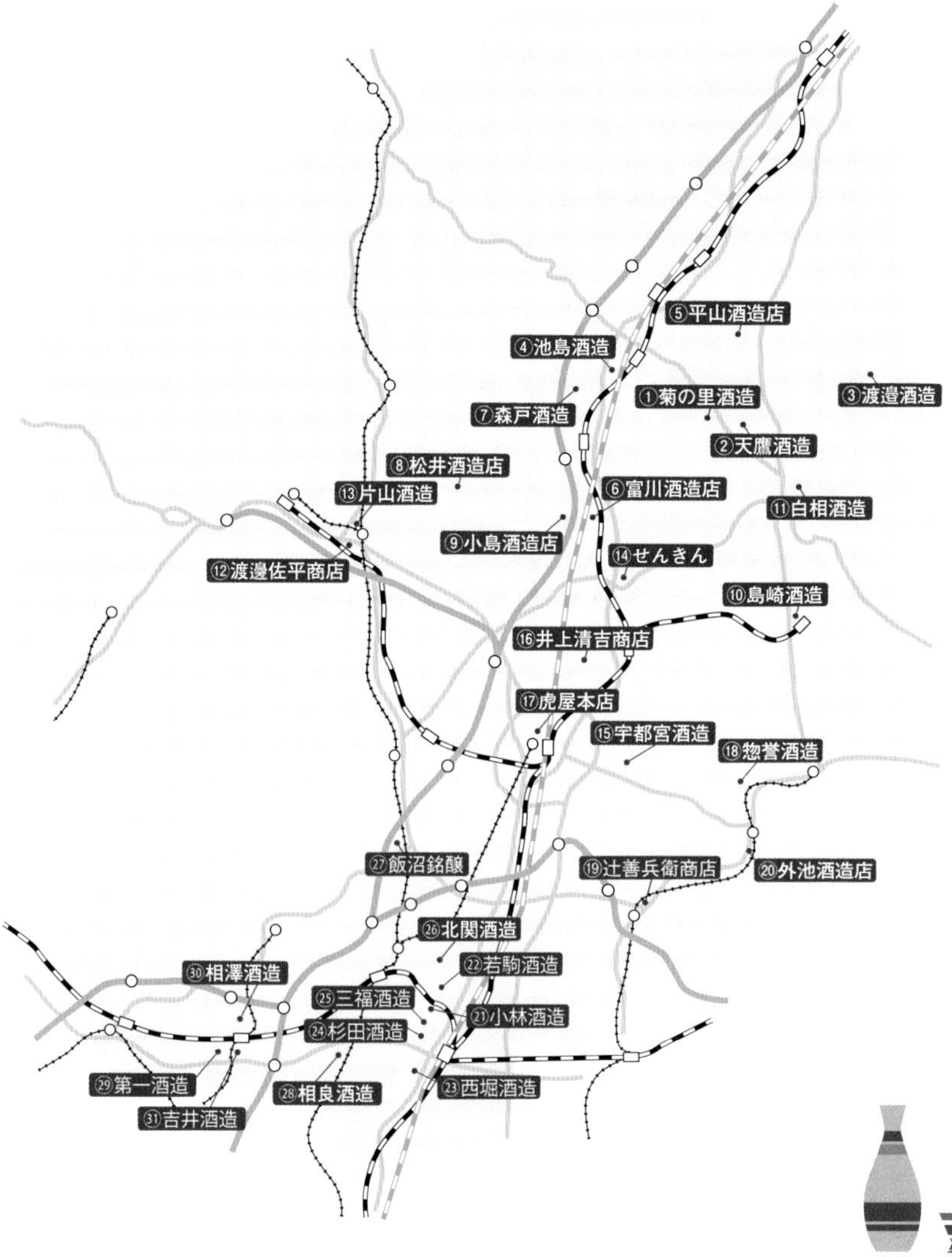

酒　蔵		代表銘柄	住　所	電話番号
①	菊の里酒造	大　那	大田原市片府田 302-2	0287-98-3477
②	天鷹酒造	天　鷹	大田原市蛭畑 2166	0287-98-2107
③	渡邉酒造	旭　興	大田原市須佐木 797-1	0287-57-0107
④	池島酒造	池　錦	大田原市下石上 1227	0287-29-0011
⑤	平山酒造店	藤の盛	大田原市羽田 1136	0287-23-1331
⑥	富川酒造店	忠　愛	矢板市大槻 998	0287-48-1510
⑦	森戸酒造	十一正宗	矢板市東泉 645	0287-43-0411
⑧	松井酒造店	松の寿	塩谷町船生 3683	0287-47-0008
⑨	小島酒造店	かんなびの里	塩谷町風見 1185	0287-46-0903
⑩	島崎酒造	東力士	那須烏山市中央 1-11-18	0287-83-1221
⑪	白相酒造	とちあかね	那珂川町小川 715-2	0287-96-2015
⑫	渡邊佐平商店	清　開	日光市今市 450	0288-21-0007
⑬	片山酒造	柏　盛	日光市瀬川 146-2	0288-21-0039
⑭	せんきん	仙　禽	さくら市馬場 106	028-681-0011
⑮	宇都宮酒造	四季桜	宇都宮市柳田町 248	028-661-0880
⑯	井上清吉商店	澤　姫	宇都宮市白沢町 1901-1	028-673-2350
⑰	虎屋本店	七　水	宇都宮市本町 4-12	028-622-8223
⑱	惣誉酒造	惣　誉	市貝町上根 539	0285-68-1141
⑲	辻善兵衛商店	辻善兵衛	真岡市田町 1041-1	0285-82-2059
⑳	外池酒造店	望	益子町塙 333-1	0285-72-0001
㉑	小林酒造	鳳凰美田	小山市卒島 743-1	0285-37-0005
㉒	若駒酒造	若　駒	小山市小薬 169-1	0285-37-0429
㉓	西堀酒造	門外不出	小山市粟宮 1452	0285-45-0035
㉔	杉田酒造	雄東正宗	小山市上泉 237	0285-38-0005
㉕	三福酒造	三　福	小山市南小林 87	0285-38-0003
㉖	北関酒造	北　冠	栃木市田村町 480	0282-27-9570
㉗	飯沼銘醸	姿	栃木市西方町元 850	0282-92-2005
㉘	相良酒造	朝日榮	栃木市岩舟町静 3624	0282-55-2013
㉙	第一酒造	開　華	佐野市田島町 488	0283-22-0001
㉚	相澤酒造	愛乃澤	佐野市堀米町 3954-1	0283-22-0423
㉛	吉井酒造	初　戎	佐野市金屋下町 2445	0283-22-0300

おわりに

われわれがこの本の取材に取り掛かったのは、夏本番の2020年７月でした。それから約半年。各酒蔵の皆さまには新型コロナウイルスの感染防止対策や、新酒の仕込みなどで多忙な中、拙い取材にも真摯に応じていただきました。また酒販店の皆さまには、各酒蔵ごとの特色や味わいの違いなど、その道のプロならではの視点から丁寧に説明をいただきました。その他、多くの方々のご協力により、何とか出版にこぎつけることができました。この場を借りて、心よりお礼を申し上げます。

取材スタッフはいずれも日本酒好きながら､その知識に関してはまさに素人。今だに「バナナのような」や「ナッツのような」といった、気の利いた味の説明はできそうにありません。ただ取材を通じて自信を持って言えることは「本当に栃木県には多種多様な、個性あふれる､旨い酒がある」ということです。この本を通じ､一人でも多くの方に「とちぎ酒」の魅力を知ってもらうとともに、「とちぎ酒」ファンが増えるきっかけとなればこれ以上の喜びはありません。

読者の皆さまもぜひ、一日の疲れを癒やし、明日への活力につながるような、マイベスト「とちぎ酒」を見つけてください。

とちぎ酒《ざけ》で乾杯《かんぱい》 ～水《みず》、米《こめ》、人《ひと》が織《お》りなす結晶《けっしょう》～

企画・編集　下野新聞社
構成・デザイン　有限会社 キューブ
2021年3月31日　初版第１刷発行
編　者　下野新聞社編集出版部
撮　影　荒井 修
発　行　下野新聞社
〒320-8686　栃木県宇都宮市昭和１-８-11
TEL.028-625-1135
FAX.028-625-9619
印刷・製本　晃南印刷株式会社
〒322-0025　栃木県鹿沼市緑町 3-8-33
TEL.0289-62-4141(代)

ISBN978-4-88286-790-6 C0076